Parallelo
Mathematik

8 Lösungen zum Arbeitsheft

für Lernende mit erhöhtem Förderbedarf
für den inklusiven Unterricht

Cornelsen

Parallelo
Mathematik

Teile dieses Arbeitsheftes basieren auf Inhalten der Lehrwerksreihe Klick! Mathematik.
Diese wurden herausgegeben von Prof. Dr. Franz B. Wember und Meike Busch sowie erarbeitet von Dr. Thomas Breucker, Christel Gerling, Steffen Glaubitz, Daniel Jacob, Elisabeth Jenert, Martina Kolbe-Schwettmann, Petra Kühne, Elke Narten, Martina Waslikowski.

Redaktion: Redaktionsbüro Dr. Matthias Delbrück, Dossenheim
Illustration:
Cornelsen/Timo Grubing (Seiten 2, 14, 15, 21, 24, 26, 30, 32, 33, 34, 36, 48, 51, 52, 53, 54, 57, 60, 63, 66, 67, 68 (oben rechts), 72, 77 (rechts), 81, 84, 85)
Cornelsen/Isabelle Metzen (Seiten 5, 6, 7, 10, 11, 17, 28, 35, 38, 39, 45, 47, 65, 68 (oben links), 73, 77 (links), 87)
Grafik/technische Zeichnungen: Cornelsen/Christian Böhning
Cover: Cornelsen/Rosendahl Berlin
Layout: lernsatz.de
Technische Umsetzung: CMS – Cross Media Solutions GmbH, Würzburg

Terme zusammenfassen

1 Schreibe zu jedem Satz einen Term auf.

a) Ich denke mir eine Zahl n. Ich addiere 2 zu dieser Zahl. Term: $n + 2$

b) Ich denke mir eine Zahl a. Ich subtrahiere davon 3. Term: $a - 3$

c) Ich denke mir zwei Zahlen a und b und addiere sie. Term: $a + b$

d) Ich denke mir eine Zahl x. Ich multipliziere sie mit 2 und addiere dazu 13. Term: $2x + 13$

e) Ich denke mir zwei Zahlen x und y und multipliziere sie. Dann subtrahiere ich davon 3. Term: $xy - 3$

f) Ich denke mir eine Zahl z. Ich multipliziere sie mit 3 und subtrahiere davon das Zweifache der Zahl z. Term: $3z - 2z$

2 Kannst du das Ergebnis in Aufgabe 1f) noch weiter zusammenfassen?

◯ Nein, das ist der einfachste Term, den man hier schreiben kann.

⊗ Ja, wenn ich drei von irgendetwas habe und zwei davon wegnehme, bleibt eins über, egal was es ist ($3z - 2z = 1z = z$).

Für den Term $a + a + a + a + 2$ kann man auch diese Terme schreiben:
$4 \cdot a + 2$ $2 + 4 \cdot a$ $4a + 2$ $2 + 4a$ $3a + a + 2$ $2a + 2a + 2$

3 Schreibe möglichst übersichtlich.

a) $a + a + a =$ $3a$

b) $a + a + 3 =$ $2a + 3$

c) $a + a + a + a + a =$ $5a$

d) $a + 2a + a + 1 =$ $4a + 1$

e) $4a + 3a + 2a + a =$ $10a$

f) $-a - a - a =$ $-3a$

g) $a - a =$ 0

Wenn in einem Term die gleiche Variable mehrmals vorkommt, lässt sich der Term vereinfachen.

1. Ich markiere die gleichen Variablen farbig.
2. Ich ordne.
3. Ich fasse zusammen.

Beispiel:
$a + b + a + b + 4$
$a + b + a + b + 4$
$= a + a + b + b + 4$
$= 2a + 2b + 4$

4 Vereinfache die Terme.
Markiere zuerst, was du zusammenfassen kannst.

a) $x + 13 - x + 15 - y$
$= x - x + 13 + 15 - y$
$= 28 - y$

b) $2a - 3 + 7 - a$
$= 2a - a + 7 - 3$
$= a + 4$

c) $-x + y + \frac{1}{2} + 7y - \frac{1}{2}$
$= -x + y + 7y + \frac{1}{2} - \frac{1}{2}$
$= -x + 8y$ (oder: $8y - x$)

d) $4a - 2b + c - 3a + 3b$
$= 4a - 3a - 2b + 3b + c$
$= a + b + c$

5 Vereinfache die Terme so weit wie möglich.

a) $12a - 3b + 7b - 9a =$ $3a + 4b$

b) $a + b - 1 + c + a + b + a =$ $3a + 2b + c - 1$

c) $2 + z - 2y - 3y + x - 3 =$ $x - y + z - 3$

d) $s + 3n - i + e - 2n + 2i =$ $e + i + n + s$

6 Vereinfache die Terme.

a) $7 - x + 3 + 9x$
$= 7 + 3 - x + 9x$
$= 10 + 8x$

b) $2 \cdot 6a - 6 \cdot 2b$
$= 12a - 12b$

c) $5x + 3z + 6 - 5x$
$= 5x - 5x + 3z + 6$
$= 3z + 6$

d) $6a - 4 - a + 2b + 2 + 4b$
$= 6a - a + 2b + 4b - 4 + 2$
$= 5a + 6b - 2$

7 Vereinfache die Terme so weit wie möglich.

a) $5x + 9 + 2 + 6x + 10x + 15 =$ $21x + 26$

b) $2a + 4a + 5 - 3a + 14 + 8a =$ $11a + 19$

c) $4x + 7x + 12 + 9 + 12x - 3x =$ $20x + 21$

d) $2 + 9a + 5b - 1 + 2a - 4 + 8b =$ $11a + 13b - 3$

e) $x + 4x - 7x + 6 + x - 1 + 4 =$ $-x + 9$

f) $6 - 10x + 3y + 16x - y + 5 - 2x =$ $4x + 2y + 1$

g) $19a + 3b - b - 2a + 5b + 17 + 3 =$ $7a + 7b + 20$

h) $15 + 4y + x + 12 + 12 + 12x - 3x =$ $10x + 4y + 39$

8 Vereinfache die Terme so weit wie möglich.

a) $15x + 9 + 2x + 6x + 17x + 15 =$ $40x + 24$

b) $2a + 24a + 5b - 13a + 14 + 8a =$ $21a + 5b + 19$

c) $4y + 17x + 12 + 9 - 22x - 13y =$ $-5x - 9y + 21$

d) $2 - 29a + 5b - 31 + 2a - 4 + 8b =$ $-27a + 13b - 33$

e) $-x + 24x - 7y + 16 + x - 1 + 4 =$ $24x - 7y + 19$

f) $6 - 10x + 3y - 36x - 28y + 5 - 2x =$ $-48x - 25y + 11$

g) $-9a - 3b - 31b - 12a + 5b + 17 + 13b =$ $-21a - 16b + 17$

h) $-15 + 4y + x + 12y + 12 + 12x - 23x =$ $16y - 10x - 3$

9 Vereinfache den Term: $4 + 9x + 6 - x + 2x$
Berechne den Wert des Terms für: a) $x = 8$ b) $x = -1$

$4 + 9x + 6 - x + 2x = 9x - x + 2x + 4 + 6$
$= 10x + 10$

a) $x = 8$
$10x + 10$
$10 \cdot 8 + 10$
$= 80 + 10$
$= 90$

b) $x = -1$
$10x + 10$
$10 \cdot (-1) + 10$
$= -10 + 10$
$= 0$

Klammern auflösen

1 a) Joe Sparrow, Blackbeard, Lady Jane und Bloody Mary haben Karten gespielt. Dabei hat Joe 3 Goldstücke von Lady Jane gewonnen und 4 an Blackbeard und 2 an Bloody Mary verloren.

Schreibe einen Term für Joes Gewinne und Verluste, nimm die Variable G für die Zahl der Goldstücke. $+3G - 4G - 2G$

Schreibe den Term so um, dass du direkt siehst, wie viele Goldstücke Joe abgeben musste. $+3G - (4G + 2G)$

Joe musste 6 Goldstücke abgeben.

b) Am nächsten Abend haben Joe, Blackbeard, Jane und Mary gewürfelt. Diesmal hat Joe 1 Goldstück von Mary gewonnen, aber 7 Goldstücke an Blackbeard und 5 an Jane verloren.

Schreibe einen Term für Joes Gewinne und Verluste, nimm die Variable G für die Zahl der Goldstücke. $+G - 7G - 5G$

Schreibe den Term so um, dass du direkt siehst, wie viele Goldstücke Joe abgeben musste. $+G - (7G + 5G)$

Joe musste 12 Goldstücke abgeben.

2 Von einer Schnur mit der Länge a werden die angegebenen Stücke abgeschnitten. Gib jeweils einen Term mit Klammer und einen Term ohne Klammer für die Restlänge der Schnur an.

a) 1 Stück der Länge b und 2 Stücke der Länge c $a - b - 2c$ $a - (b + 2c)$

b) 3 Stücke der Länge b und 1 Stück der Länge c $a - 3b - c$ $a - (3b + c)$

c) 4 Stücke der Länge b und 5 Stücke der Länge c $a - 4b - 5c$ $a - (4b + 5c)$

d) 20 Stücke der Länge b und 10 Stücke der Länge c $a - 20b - 10c$ $a - (20b + 10c)$

3 Löse zuerst die Klammer auf.
Vereinfache dann die Terme so weit wie möglich.

a) $x + (3x + 9) + 6x =$ $x + 3x + 9 + 6x = 10x + 9$

b) $5y + 2x - (2y - x) =$ $5y + 2x - 2y + x = 3x + 3y$

c) $2 \cdot (a + 4) - 4a =$ $2a + 8 - 4a = -2a + 8$

d) $3x - (x - 2 + 11) =$ $3x - x + 2 - 11 = 2x - 9$

e) $-(1 - c) - (5c - 8) =$ $-1 + c - 5c + 8 = -4c + 7$

f) $a - (b + 5 - 6a) - 20 =$ $a - b - 5 + 6a - 20 = 7a - b - 25$

Ausmultiplizieren

Wenn eine Summe in Klammern steht und du sie mit einer Zahl multiplizierst, dann kannst du die Klammer loswerden.
Multipliziere die Zahl jeweils mit allem, was in der Klammer steht.

Beispiel	**allgemein**
$3 \cdot (5 + 7) = 3 \cdot 5 + 3 \cdot 7$	$a \cdot (b + c) = a \cdot b + a \cdot c$

Diesen Rechenschritt nennt man **ausmultiplizieren**.

1 Multipliziere aus und überprüfe, ob du auf beiden Rechenwegen dasselbe bekommst.

a) $2 \cdot (4 + 6) = 2 \cdot 4 + 2 \cdot 6$
$2 \cdot 10 = 8 + 12$
$20 = 20$

b) $5 \cdot (1 + 8) = 5 \cdot 1 + 5 \cdot 8$
$5 \cdot 9 = 5 + 40$
$45 = 45$

c) $10 \cdot (3 + 12) = 10 \cdot 3 + 10 \cdot 12$
$10 \cdot 15 = 30 + 120$
$150 = 150$

d) $9 \cdot (7 + 2) = 9 \cdot 7 + 9 \cdot 2$
$9 \cdot 9 = 63 + 18$
$81 = 81$

2 Multipliziere aus und rechne nach – achte auf das Minuszeichen!

a) $2 \cdot (6 - 4) = 2 \cdot 6 - 2 \cdot 4$
$2 \cdot 2 = 12 - 8$
$4 = 4$

b) $5 \cdot (10 - 8) = 5 \cdot 10 - 5 \cdot 8$
$5 \cdot 2 = 50 - 40$
$10 = 10$

c) $10 \cdot (3 - 2) = 10 \cdot 3 - 10 \cdot 2$
$10 \cdot 1 = 30 - 20$
$10 = 10$

d) $9 \cdot (7 - 2) = 9 \cdot 7 - 9 \cdot 2$
$9 \cdot 5 = 63 - 18$
$45 = 45$

Erinnerst du dich? Wenn du eine Zahl und eine Variable multiplizierst, kannst du den Malpunkt auch weglassen und Zahl und Variable direkt zusammenschreiben.

3 Wenn in oder vor der Klammer Variablen vorkommen, kannst du die Klammern genauso auflösen. Multipliziere aus und fasse zusammen, so weit wie möglich.

a) $2 \cdot (6a - 4) = 2 \cdot 6a - 2 \cdot 4 = 12a - 8$
b) $10 \cdot (3x + 12) = 10 \cdot 3x + 10 \cdot 12 = 30x + 120$
c) $x \cdot (3 + 2) = x \cdot 3 + x \cdot 2 = 3x + 2x = 5x$
d) $4 \cdot (2x + y) = 4 \cdot 2x + 4 \cdot y = 8x + 2y$

4 Löse die Klammern auf und vereinfache anschließend den Term so weit wie möglich. Achte dabei auf die Vorzeichen!

a) $12x \cdot (4 - 5y) + 16x = 12x \cdot 4 - 12x \cdot 5y + 16x = 64x - 12x5y$
b) $x \cdot (5 + y - 2) - 5x = x \cdot 3 + x \cdot y - 5x = -2x + xy$
c) $6 \cdot (-x + 2{,}5) - 11x = (-6x) + 6 \cdot 2{,}5 - 11x = -17x + 15$
d) $(x + 5 - 2x) \cdot (-7) = x \cdot (-7) + 5 \cdot (-7) - 2x \cdot (-7) = 7x - 35$
e) $-2x \cdot (1{,}5 + y) + 8x = (-2x) \cdot 1{,}5 + (-2x) \cdot y + 8x = 5x - 2xy$

Wenn in einer Summe oder einem Produkt mehrere Variablen auftauchen, sortierst du die Variablen am besten alphabetisch und schreibst den Term ohne Variablen an den Schluss.
Das ändert nichts am Ergebnis, ist aber übersichtlicher.

5 Trage die Terme jeweils ohne Klammer in die Tabelle ein.

a)

$\cdot$	-3	-7	$1{,}5$	$0{,}5$
$x + 1$	$-3x - 3$	$-7x - 7$	$1{,}5x + 1{,}5$	$0{,}5x + 0{,}5$
$-2 + 4x$	$-12x + 6$	$-28x + 14$	$6x - 3$	$2x - 1$
$10x - 2y$	$-30x + 6y$	$-70x + 14y$	$15x - 3y$	$5x - y$

b)

$\cdot$	$-18 + x$	$2x + y$	$\frac{1}{3}x - 12$	$\frac{1}{4}x - \frac{1}{2}$
$-z$	$-xz + 18z$	$-2xz - yz$	$-\frac{1}{3}xz + 12z$	$-\frac{1}{4}xz + \frac{1}{2}z$
$3z$	$3xz - 54$	$6xz + 3y$	$xz - 4z$	$\frac{3}{4}xz - \frac{3}{2}x$
$-\frac{1}{2}$	$9 - \frac{1}{2}x$	$-1{,}6x - 0{,}5y$	$-\frac{1}{6}x + 6$	$-\frac{1}{8}x + \frac{1}{4}$

6 a) Löse die Klammer auf.
Berechne dann den Wert des Terms für $a = 4$.

$3(a + 1) = 3a + 3$ — Mit $a = 4$ ergibt dies $3 \cdot 4 + 3 = 15$
$2(a + 3) - 3a = 2a + 6 - 3a = -a + 6$ — Mit $a = 4$ ergibt dies $-4 + 6 = 2$
$13 - 2(1 + a) = 13 - 2 - 2a = -2a + 11$ — Mit $a = 4$ ergibt dies $-2 \cdot 4 + 11 = 11 - 8 = 3$

b) Löse die Klammer auf.
Berechne dann den Wert des Terms für $x = -2$.

$3x(7 - 1) = 21x - 3x = 18x$ — Mit $x = -2$ ergibt dies $18 \cdot (-2) = -36$
$5 + 2(x + 3) - 3x = 5 + 2x + 6 - 3x = -x + 11$ — Mit $x = -2$ ergibt dies $(-2) + 11 = 9$
$3(3 + x) - 2(x - 3) = 9 + 3x - 2x + 6 = x + 15$ — Mit $x = -2$ ergibt dies $(-2) + 15 = 13$

7 Ergänze die leeren Felder durch Zahlen oder Rechenzeichen, sodass sich eine wahre Aussage ergibt.

a) $4 \cdot \left(\frac{1}{2} + 2\right) = 2 + 8$

b) $2 \cdot (5 - 15) = 10 - 30$

c) $4 - 7 = 2 \cdot \left(2 - \frac{7}{2}\right)$

d) $18 + 27 = (2 + 3) \cdot 9$

e) $88 - 22 = 11 \cdot (8 - 2)$

8 Ordne zu. Die Buchstaben ergeben in der richtigen Reihenfolge das Lösungswort.

a)	$3 \cdot (10 + 0{,}1)$ =	$30 + 0{,}3$	K	A	$0{,}01 + 0{,}1$
b)	$3 \cdot \left(4 - \frac{1}{5}\right)$ =	$12 - \frac{3}{5}$	L	M	$\frac{2}{8} = \frac{1}{4}$
c)	$0{,}1 \cdot (0{,}1 + 1)$ =	$0{,}01 + 0{,}1$	A	R	$4{,}5 + 7{,}5$
d)	$2 \cdot \left(\frac{1}{4} - \frac{1}{8}\right)$ =	$\frac{2}{8} = \frac{1}{4}$	M	L	$12 - \frac{3}{5}$
e)	$6 \cdot (0{,}2 + 3)$ =	$0{,}2 + 18$	M	E	$33 - 11$
f)	$11 \cdot (3 - 1)$ =	$33 - 11$	E	K	$30 + 0{,}3$
g)	$3 \cdot (1{,}5 + 2{,}5)$ =	$4{,}5 + 7{,}5$	R	M	$1{,}2 + 18$

Lösungswort: KLAMMER

9 Finde den Fehler.
Umkreise, was falsch ist, und schreibe darunter, wie die Rechnung richtig ist.

a) $2 \cdot (5 - 3a) - 3a = 10 - 6a - 3a = 10 - (6a - 3a) = 10 - 3a$

$2 \cdot (5 - 3a) - 3a = 10 - 6a - 3a = 10 - (6a + 3a) = 10 - 9a$

b) $4x(3y - 2z) = 4x \cdot 3y \cdot (-2z) = -24xyz$

$4x(3y - 2z) = 4x \cdot 3y - 4x \cdot 2z = 12xy - 8xz$

c) $-10(-x - 2) = -10x - 10(-2) = -10x + 20$

$-10(-x - 2) = -10(-x) - 10(-2) = 10x + 20$

Ausklammern und vermischte Umformungen

- Wenn du zwei oder mehr Zahlen oder Variablen multiplizierst, nennt man das ein Produkt: $3 \cdot 6$, $(-3) \cdot a$, $4xyz$.
- Die einzelnen Terme in einem Produkt nennst du Faktoren.
- Ein Faktor kann auch eine Summe oder eine Differenz in Klammern sein. Der Term wird dann in Klammern gesetzt:

Produkt: $(a + 5) \cdot x \cdot (2a - 1)$ — Faktor

1 Schreibe die Zahlen jeweils als Produkt aus zwei Zahlen.
Manchmal gibt es mehr als eine Möglichkeit.

a) $6 = 3 \cdot 2$
b) $10 = 2 \cdot 5$
c) $21 = 3 \cdot 7$
d) $56 = 8 \cdot 7$
e) $12 = 3 \cdot 4\ (= 6 \cdot 2)$
f) $27 = 3 \cdot 9$
g) $99 = 11 \cdot 9\ (= 33 \cdot 3)$

Erinnere dich:
Bei einem Produkt ist die Reihenfolge der Faktoren egal. Du kannst „$5 \cdot 2$" oder „$2 \cdot 5$" schreiben. Das Ergebnis ist gleich.

2 Schreibe die Terme jeweils als Produkt mit möglichst vielen Faktoren.
Es gibt jeweils mehr als eine Möglichkeit!

a) $15x = 3 \cdot 5x$
b) $18ab = 6a \cdot 3b$
c) $35xyz = 5x \cdot 7y \cdot z$
d) $12xy = 2x \cdot 3y \cdot 3$
e) $100n = 2 \cdot 2 \cdot 5 \cdot 5n$

Wenn in einer Summe (oder einer Differenz) alle Terme den gleichen Faktor enthalten, kannst du diesen Faktor **„ausklammern"**:
- Du teilst alle Terme durch diesen Faktor,
- schreibst die Ergebnisse in eine Klammer und
- multiplizierst den Klammerausdruck mit dem gemeinsamen Faktor.

Man sagt dazu auch: „Du ziehst den Faktor vor die Klammer".

Beispiel:

$$15x + 18x = 5 \cdot 3x + 6 \cdot 3x = 3x \cdot (5 + 6) = 3x \cdot 11$$

3 Schreibe den gemeinsamen Faktor aller Summanden auf.

a) $21 + 30 + 33 =$ $3 \cdot 7 + 3 \cdot 10 + 3 \cdot 11$ gemeinsamer Faktor: 3

b) $2x + 3x - 7x =$ $x \cdot 2 + x \cdot 3 - x \cdot 7$ gemeinsamer Faktor: x

c) $5xy - 10 =$ $5 \cdot 2xy - 5 \cdot 2$ gemeinsamer Faktor: 5

d) $3a + 30ab + 99a =$ $3a \cdot 1 + 3a \cdot 10b - 3a \cdot 33$ gemeinsamer Faktor: $3a$

4 Schreibe die Terme aus Aufgabe 3 jeweils als „ausgeklammertes" Produkt.

a) $21 + 30 + 33 =$ $3 \cdot (7 + 10 + 11)$

b) $2x + 3x - 7x =$ $x \cdot (2 + 3 - 7)$

c) $5xy - 10 =$ $5 \cdot (2xy - 2)$

d) $3a + 30ab + 99a =$ $3a \cdot (1 + 10b - 33)$

5 Klammere jeweils den Faktor (–5) aus.

a) $-10 - 15x =$ $(-5) \cdot (2 + 3x)$

b) $-10x + 15 =$ $(-5) \cdot (2x - 3)$

c) $-15x - 10 =$ $(-5) \cdot (3x + 2)$

d) $15 - 10x =$ $(-5) \cdot (-3 + 2x)$

e) $-25a - 30b =$ $(-5) \cdot (5a + 6b)$

f) $-75a - 60 =$ $(-5) \cdot (15a + 12)$

Erinnerst du dich? Wenn du eine Zahl und eine Variable multiplizierst, kannst du den Malpunkt auch weglassen und Zahl und Variable direkt zusammenschreiben.

6 Klammere jeweils den Faktor $7x$ aus.

a) $7xy + 14x =$ $7x(y + 2)$

b) $7x - 14xy =$ $7x(1 - 2y)$

c) $21x - 35ax =$ $7x(3 - 5a)$

d) $-21x + 35ax =$ $7x(-3 + 5a)$

e) $-56x - 63xy =$ $7x(-8x - 9y)$

f) $-56xy + 63xz =$ $7x(-8y + 9z)$

7 Klammere jeweils einen geeigneten Faktor aus.

a) $3x - 3y =$ $3(x - y)$

b) $15m - 15n =$ $15(m - n)$

c) $9a + 9b =$ $9(a + b)$

d) $-12a - 12b =$ $(-12)(a + b)$

e) $6x + 18x =$ $6x(1 + 3)$

f) $12a - 9b =$ $3(4a - 3b)$

g) $14m - 21n =$ $7(2m - 3n)$

h) $27x + 42y =$ $3(9x + 14y)$

i) $3x + 6xy =$ $3x(1 + 2y)$

j) $12ab - 15b =$ $3b(4a - 5)$

k) $-45ax - 30x =$ $-15x(3a + 2)$

l) $15r - 21rs =$ $3r(5 - 7s)$

Ausklammern ist die Umkehrung vom Ausmultiplizieren. Wenn du einen Term ausklammerst und danach wieder ausmultiplizierst, dann erhältst du deinen ursprünglichen Term.

ausmultiplizieren
$a \cdot (b + c) = ab + ac$
ausklammern

ausmultiplizieren
$3(4 + 2) = 3 \cdot 4 + 3 \cdot 2$
ausklammern

8 Klammere einen sinnvollen Faktor aus.
Rechne dann durch Ausmultiplizieren wieder in den ursprünglichen Term zurück.
Schreibe die Zwischenschritte auf!

a) $3xy + 12xz - 30ax = 3x \cdot y + 3x \cdot 4z - 3x \cdot 10a = 3x \cdot (y + 4z - 10a)$
$3x \cdot (y + 4z - 10a) = 3x \cdot y + 3x \cdot 4z - 3x \cdot 10a = 3xy + 12xz - 30ax$

b) $15a - 100b - 10ax = 5 \cdot a - 5 \cdot 20b - 5 \cdot 2ax = 5 \cdot (a - 20b - 2ax)$
$5 \cdot (a - 20b - 2ax) = 5 \cdot a - 5 \cdot 20b - 5 \cdot 2ax = 15a - 100b - 10ax$

c) $0{,}5xyz - 0{,}5az + 2xz = 0{,}5z \cdot xy - 0{,}5z \cdot a + 0{,}5z \cdot 4x = 0{,}5 \cdot (xy - a + 4x)$
$0{,}5 \cdot (xy - a + 4x) = 0{,}5z \cdot xy - 0{,}5z \cdot a + 0{,}5z \cdot 4x = 15a - 100b - 10ax$

9 Ist der Term ein Produkt oder nicht? Kreuze an!
Wenn der Term ein Produkt ist, dann musst Du ausmultiplizieren.
Wenn der Term eine Summe oder Differenz ist, dann musst Du ausklammern.

	Produkt	Summe oder Differenz	
a) $2x + 24$	○	⊗	$2x + 24 = 2(x + 12)$
b) $3(2x + 17 - 1)$	⊗	○	$3(2x + 17 - 1) = 6x + 51 - 3$
c) $(2x - 10y) \cdot 4$	⊗	○	$(2x - 10y) \cdot 4 = 8x - 40y$
d) $-12xy(5 + z)$	⊗	○	$-12xy(5 + z) = -60xy - 12xyz$
e) $a - 3ab + 13a$	○	⊗	$a - 3ab + 13a = a(1 - 3b + 13)$

10 Fülle die Lücken so aus, dass sich wahre Aussagen ergeben.

a) $3x\,\underline{z} + \underline{9}\,z - 12xz = 3z(x + 3 - 4x)$

b) $13a\,\underline{b} + \underline{65}\,b - 26ab\,\underline{c} = 13a(b + 5b - 2bc)$

c) $10\,\underline{c}\,(2 - b - \underline{20}\,b) = 20c - 10bc - 200bc$

d) $\underline{-11}\,x(2z + 11b - d) = -22xz - 121\,\underline{b}\,x + 11d\,\underline{x}$

b	c	5	x
b	–11	20	c

Summen ausmultiplizieren

Multipliziere jeden einzelnen Term der ersten Klammer mit jedem einzelnen Term der zweiten Klammer. Setze dazwischen die passenden Rechenzeichen.

So gehst du vor:	$(4 + 2) \cdot (3 + a)$
1. ausmultiplizieren	$= 4 \cdot 3 + 4 \cdot a + 2 \cdot 3 + 2 \cdot a$
2. einzelne Produkte berechnen	$= 12 + 4a + 6 + 2a$
3. sortieren	$= 4a + 2a + 12 + 6$
4. Terme zusammenfassen	$= 6a + 18$

1 Verbinde die Produkte links mit den passenden Termen rechts.

$(3a + 2) \cdot (4b + 3)$	$12ab + 8b - 9a - 6$
$(-3a - 3) \cdot (4b + 2)$	$12ab + 12b - 6a - 6$
$(3a + 2) \cdot (4b - 3)$	$-12ab - 12b - 6a - 6$
$(3a + 3) \cdot (4b + 2)$	$12ab + 8b + 9a + 6$
$(3a + 3) \cdot (4b - 2)$	$12ab - 8b - 9a + 6$
$(3a - 2) \cdot (4b - 3)$	$12ab + 12b + 6a + 6$

2 Ergänze die leeren Felder in der Rechnung.

a) $(x + 6) \cdot (8 + y) = 8x + xy + 48 + 6y$

b) $(x + 9) \cdot (y - 8) = xy - 8x + 9y - 72$

c) $(7 - a) \cdot (b + 6) = 7b + 42 - ab - 6a$

d) $(a - 5) \cdot (b + 6) = ab + 6a - 5b - 30$

e) $(x - 4) \cdot (8 + y) = 8x + xy - 32 - 4y$

f) $(8 + a) \cdot (b - c) = 8b - 8c + ab - ac$

3 Multipliziere den Term aus. Fülle dafür zuerst die Tabelle aus.

a) Term: $(-5x + 3)(3y - 5)$

·	+3y	−5
−5x	−15xy	+25x
+3	+9y	−15

$(-5x+3)(3y-5) = -15xy + 9y + 25x - 15$

b) Term: $(2m - 1{,}5n)(2k + 2)$

·	+2k	+2
+2m	+2mk	+4m
−1,5n	−3nk	−3n

$(2m - 1{,}5n)(2k+2) = 2mk - 3nk + 4m - 3n$

Gleichungen durch Probieren lösen

1 Mit welcher Zahl kannst du die Gleichung lösen? Probiere aus.

$5 \cdot x + 20 = 220$

Ich setze statt x die Zahl … ein.	Ergebnis	Ergebnis = 220?
x = 10	5 · 10 + 20 = 70	nein
Beispiel: x = 15	5 · 15 + 20 = 95	nein
x = 20	5 · 20 + 20 = 120	nein
x = 25	5 · 25 + 20 = 135	nein
x = 30	5 · 30 + 20 = 170	nein
x = 35	5 · 35 + 20 = 195	nein
x = 40	5 · 40 + 20 = 220	ja

2 Welche Zahl gehört zu welcher Gleichung?
Probiere aus und umrahme beides mit der gleichen Farbe.

5 6 7 8 9 10 11 12 13

99 : 11 = 9 | 125 + 5 · 6 = 155 | 10 · 13 − 10 = 120 | 4 · 8 − 12 = 20

68 − 13 = 55 | 4 · 9 + 14 = 50 | 93 − 7 = 86 | 45 : 5 = 9 | 72 : 12 = 6

3 Verbinde die Aussagen mit den dazu passenden Gleichungen und die Gleichungen mit der jeweiligen Lösung.

Aussage	Gleichung	Lösung
A Jana multipliziert eine Zahl x mit 4 und addiert dann 25. Sie erhält 37.	(x − 15) : 2 = 3	8
B Jonas subtrahiert 10 vom Fünffachen einer Zahl x und erhält 30.	x · 4 + 25 = 37	7
C Jan bildet das Zehnfache einer Zahl x und addiert dazu 8. Er erhält 78.	10 · x + 8 = 78	3
D Jasmina subtrahiert 15 von einer Zahl x und teilt dann durch 2. Sie erhält 3.	5 · x − 10 = 30	21

Gleichungen mit Umformungen lösen

1 Wie kannst du herausfinden, wie schwer der Karton „y" ist?

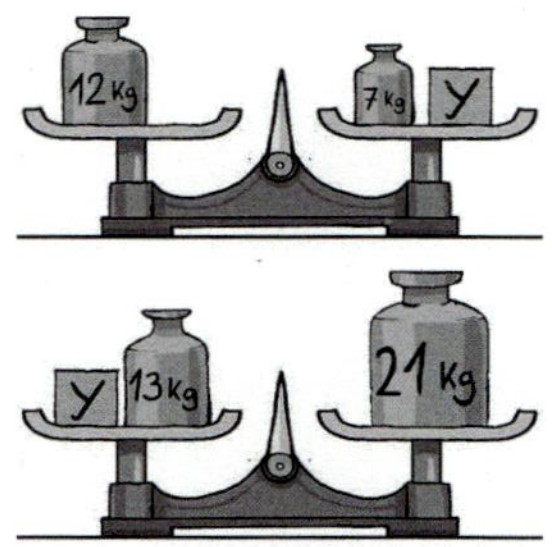

a) *Wenn ich auf beiden Waagschalen 7 kg wegnehme, bleiben links 12 kg – 7 kg =* 5 kg *übrig.*
Rechts bleibt dann nur noch der Karton „y". Also ist der Karton 5 kg *schwer, als Gleichung heißt das y =* 5 kg.

b) *Wenn ich* auf beiden Waagschalen 13 kg wegnehme, *bleibt links* nur „y" übrig.
Rechts bleiben dann 21 kg – 13 kg = 8 kg. *Also* ist der Karton 8 kg schwer, *als Gleichung* heißt das y = 8 kg.

2 Wie viele Kugeln sind genauso schwer wie der Karton „a"?
Beschreibe die Schritte wenn möglich mit einer Gleichung.

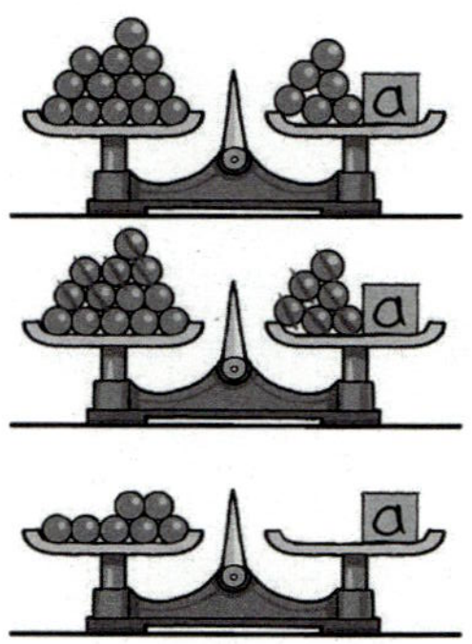

1. *Zuerst stelle ich die Gleichung auf.*
   13 = 6 + a
2. *Danach überlege ich, was zu tun ist, damit die Variable allein steht.*
3. *Hierzu subtrahiere ich* auf beiden Seiten der Gleichung gleich viel: 13 – 6 = 6 + a – 6
4. *Ich rechne aus.* a = 7

3 Schreibe die Sätze zur Umformung einer Gleichung in der richtigen Reihenfolge auf.

Ich kontrolliere mit der Probe.

Ich habe nun die Lösung der Gleichung.

Ich stelle die Gleichung auf.

Ich dividiere beide Seiten durch den Faktor der Variablen, wenn nötig.

Ich forme durch Subtrahieren oder Addieren um, wenn es möglich ist.

1. *Ich stelle die Gleichung auf.*
2. Ich forme durch Subtrahieren oder Addieren um, wenn es möglich ist.
3. Ich dividiere beide Seiten durch den Faktor der Variablen, wenn nötig.
4. Ich habe nun die Lösung der Gleichung.
5. Ich kontrolliere mit der Probe.

4 Schreibe zu den Abbildungen der Waage die passende Gleichung.
Kontrolliere anschließend mit der Probe.

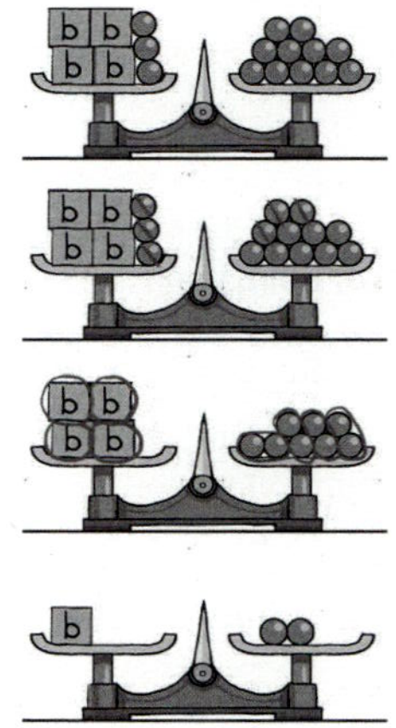

$4b + 3 = 11$

$4b + 3 - 3 = 11 - 3$

$4b = 8$

$4b : 4 = 8 : 4$

$b = 2$

Probe: $4 \cdot \boxed{2} + 3 = 8 + 3 = 11$, das ist eine wahre Aussage.

5 a) Ein Quadrat hat einen Umfang von u = 36 cm. Wie lang sind die Seiten?

Rechnung:
Ein Quadrat hat vier gleiche Seiten, der Umfang ist die Summe aller Seiten. Also gilt die Gleichung u = 4a. Wenn ich beide Seiten der Gleichung durch 4 teile, erhalte ich u : 4 = a
Wenn ich hier den bekannten Umfang u = 36 cm einsetze, bekomme ich 36 cm : 4 = 9 cm = a.

Antwort: *Die Seiten des Quadrats sind* 9 cm *lang.*

b) Ein Quadrat hat die Seitenlänge 3 cm, ein Rechteck ist doppelt so hoch wie breit. Beide haben denselben Umfang. Wie hoch und wie breit ist das Rechteck? (Angaben in cm)

Rechnung:
Ich schreibe den Umfang des Rechtecks als Term: $u_R = 2x + x + 2x + x = 6x$
Der Umfang des Quadrats beträgt $u_Q = 4 \cdot 3 = 12$.
Ich stelle eine Gleichung auf und löse sie: $u_Q = u_R$

$6x = 12 \quad | : 2$

$x = 2$

Antwort: *Die kurze Seite des Rechtecks ist* x = 2 cm *lang, die lange Seite ist* 2x = 4 cm *lang.*

Wenn du Gleichungen umformst, dann machst du auf beiden Seiten immer das Gleiche.
Schreibe bei jedem Schritt das, was du machst, rechts neben einen senkrechten Strich.
Zum Beispiel: „| : 2“ (beiden Seiten durch 2 teilen) oder
„| + 3“ (auf beiden Seiten 3 addieren)

6 Vereinfache zuerst. Löse anschließend die Gleichung.
Notiere jeweils neben dem senkrechten Strich, wie du umformst.

a) $2x - 3 + x = x + 1$ | vereinfachen
$3x - 3 = x + 1$ | $- x$
$2x - 3 = 1$ | $+ 3$
$2x = 4$ | $: 2$
$x = 2$

b) $x + 10 + 4x = 3x + 19 - x$ | vereinfachen
$5x + 10 = 2x + 19$ | $- 2x$
$3x + 10 = 19$ | $- 10$
$3x = 9$ | $: 3$
$x = 3$

c) $2x + 6 + x = 8 - 2x - 2$ | vereinfachen
$3x + 6 = 6 - 2x$ | $+ 2x$
$5x + 6 = 6$ | $- 6$
$5x = 0$ | $: 5$
$x = 0$

7 Löse die Gleichungen. Vereinfache vorher, wenn nötig.

a) $5t + 2 - 2t = 8 + t$
$3t + 2 = 8 + t$
$t = 3$

b) $3 + 5c - 2 = 4c - 2c + 10$
$5c + 1 = 2c + 10$
$c = 3$

c) $2 + 3x - x - 8 = x - 3$
$x = 3$

d) $8 + 4n - 2 - 4n = 2 + n - 3$
$-n = -7$
$n = 7$

Sachaufgaben mit Gleichungen lösen

Du kannst viele **Sachaufgaben** mit einer Gleichung lösen.
Besonders gut geht das mit dem **6-Schritte-Verfahren**:
1. **Lies die Aufgabe** aufmerksam durch und lege **eine Variable für die gesuchte Zahl** fest.
2. **Bilde Terme**, indem du **Informationen im Text** mathematisch aufschreibst.
3. Stelle mit Hilfe der Informationen im Text **eine Gleichung** auf.
4. **Löse** die Gleichung.
5. **Überprüfe** das Ergebnis.
6. **Formuliere** eine Antwort.

1 12 Flaschen Saft und eine Flasche Brause kosten zusammen 9,80 €.
Brause ist 5 Cent teurer als der Saft.
Bestimme die Preise für eine Flasche Saft und für eine Flasche Brause.

1. Variable?	*Preis für eine Flasche Saft in €: x*
2. Terme?	*Preis für 12 Flaschen Saft: 12x* *Preis für eine Flasche Brause:* $x + 0,05$
3. Gleichung?	$12x + (x + 0,05) = 9,80$
4. Gleichung lösen	$12x + (x + 0,05) = 9,80$ | vereinfachen $13x + 0,05 = 9,80$ | $-0,05$ $13x = 9,75$ | $: 13$ $x = 0,75$

5. Probe:	*Preis für* eine Flasche Brause: 0,75 € + 0,05 € = 0,80 € *Preis für* 12 Flaschen Saft: 12 · 0,75 € = 9,00 € *Gesamtpreis:* 0,80 € + 9,00 € = 9,80 € | wahre Aussage
6. Antwort:	*Eine Flasche Saft* kostet 0,75 € und eine Flasche Brause kostet 0,80 €.

2 Lara kauft 7 Brezeln, 2 mit Kürbiskernen und 5 ohne. Sie zahlt insgesamt 6 Euro.
Kürbiskernbrezeln kosten 20 ct mehr als normale.
Was kostet eine normale und was eine Kürbiskernbrezel?

1. Variable?	*Preis für eine* normale Brezel *in €:* *b* *Preis für eine* Kürbiskernbrezel in €: *k*
2. Terme?	*Kürbiskernbrezel:* $b + 0{,}2$ *Gesamtpreis:* $5b + 2k$
3. Gleichung?	$5b + 2(b + 0{,}2) = 6$
4. Gleichung lösen	$5b + 2(b + 0{,}2) = 6$ | vereinfachen $7b + 0{,}4 = 6$ | − 0,4 $7b = 5{,}6$ | : 7 $b = 0{,}8$
5. Probe:	5 · 0,80 € + 2 · 1,00 € = 6,00 € | wahre Aussage
6. Antwort:	Eine normale Brezel kostet 0,80 € und eine Kürbiskernbrezel 1,00 €.

3 Zarah ist dreimal so alt wie Clara aus dem Nachbarhaus.
Zusammen sind sie 20 Jahre alt. Wie alt sind die beiden Mädchen?

1. Variable?	*Claras Alter: c* *Zarahs Alter: z*
2. Terme?	*Zahras Alter:* 3 c *Beide zusammen:* c + 3 c

3. Gleichungen?	$c + 3c = 20$ $z = 3c$
4. Gleichungen lösen	$c + 3c = 20$ | vereinfachen $4c = 20$ | : 4 $c = 5$ | : 13 *Wir setzen das Ergebnis in die Gleichung z = 3 c ein:* $z = 3 \cdot 5$ $z = 15$
5. Probe:	*1. Gleichung:* 5 + 15 = 20 | wahre Aussage *2. Gleichung:* 15 = 3 · 5 | wahre Aussage
6. Antwort:	*Zahra ist* 5 Jahre *alt.* *Clara* ist 15 Jahre alt.

4 Leon läuft seinen ersten Halbmarathon. Für die ersten 7 km braucht er 42 min.
Für die zweiten 7 km braucht er 3 min länger.
Auf der restlichen Strecke gibt er alles und er schafft sie in 3 min weniger,
als er für die ersten 7 km gebraucht hat.
Wie lang hat er insgesamt gebraucht?

1. Variable?	*Minuten für* die zweiten 7 km: x *Minuten für* den Rest: y *Gesamtdauer:* z
2. Terme?	*Minuten für* die zweiten 7 km: 42 + 3 *Minuten für* den Rest: 42 – 3 *Gesamtdauer:* 42 + x + y
3. Gleichung?	$z = 42 + x + y$
4. Gleichung lösen	$z = 42 + x + y$ | einsetzen $z = 42 + 42 + 3 + 42 - 3$ $z = 126$
5. Probe:	126 = 42 + 42 + 3 + 42 – 3 | wahre Aussage
6. Antwort:	*Insgesamt hat* Leon 126 Minuten gebraucht.

Winkelsumme im Viereck

1

a) Miss die vier Winkel der beiden Rechtecke und des Quadrats. Was ist jeweils die Summe der vier Winkel?

Alle vier Winkel sind jeweils 90°, die Summe beträgt 360°.

b) Formulieren einen allgemeinen Satz über die Winkelsumme in Quadraten und anderen Rechtecken:

In Quadraten und anderen Rechtecken sind alle Winkel rechte Winkel, also 90° groß. Ihre Summe ist deshalb immer 4 · 90° = 360°.

2 Bestimme die Winkelsummen der folgenden Vierecke.
Zerlege die Figur dazu in Dreiecke.
Was weißt du über die Winkelsumme im Dreieck?

Im Dreieck ergeben alle drei Winkel zusammen immer genau 180°.

a)

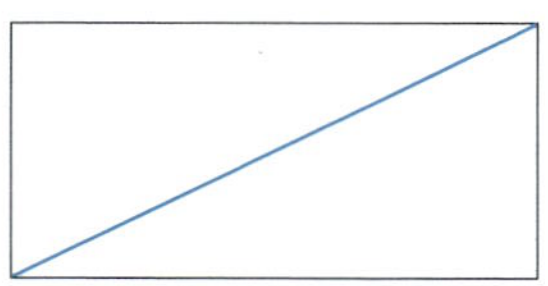

2 · 180° = 360°

b)

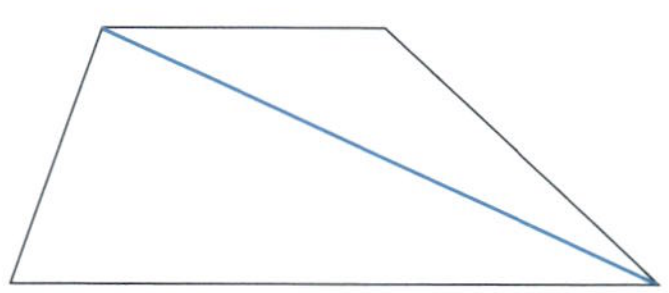

2 · 180° = 360°

c)

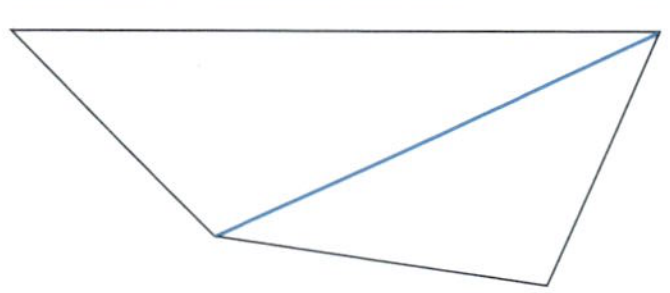

2 · 180° = 360°

3 Was fällt dir an den Vierecken in Aufgabe **2** auf?

Alle drei Vierecke lassen sich in zwei Dreiecke zerlegen.

Deshalb ist die Winkelsumme jeweils gleich 360°.

In jedem Viereck beträgt die Summe aller vier Innenwinkel immer genau 360°.

4 Berechne den fehlenden vierten Winkel im Viereck.

a) α = 50° β = 70° γ = 150° δ = 360° – 50° – 70° – 150° = 90°
b) α = 80° β = 120° γ = 110° δ = 360° – 80° – 120° – 110° = 50°
c) α = 75° β = 95° γ = 105° δ = 360° – 75° – 95° – 105° = 85°
d) α = 200° β = 78° γ = 33° δ = 360° – 200° – 78° – 33° = 49°

5 Berechne die fehlenden Winkel der Vierecke und trage sie in die Tabelle ein.

	α	β	γ	δ
a)	90°	120°	100°	50°
b)	75°	55°	150°	80°
c)	112°	48°	70°	130°
d)	75°	115°	42°	128°
e)	140°	82°	15°	123°
f)	115°	132°	87°	26°

Ein Parallelogramm ist ein Viereck, bei dem gegenüberliegende Winkel gleich groß sind.

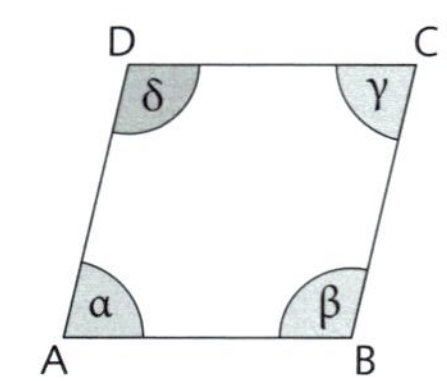

6 Trage die fehlenden Winkelgrößen des Parallelogramms in die Tabelle ein.

	α	β	γ	δ
a)	42°	180° – 42° = 138°	42°	138°
b)	180° –128° = 52°	128°	52°	128°
c)	96°	84°	96°	180° – 96° = 84°
d)	113°	67°	180° – 67° = 113°	67°
e)	117°	63°	117°	180° – 117° = 63°
f)	180° – 143° = 37°	143°	37°	143°
g)	13°	180° – 13° = 167°	13°	167°

Ein Drachenviereck hat zwei gleich große Winkel, die einander gegenüber liegen.

7 Gib jeweils die fehlenden Winkelgrößen des Drachenvierecks an.
Die Winkel β und δ sind jeweils gleich groß, wie du in der Zeichnung erkennen kannst.

	α	β	γ	δ
a)	128°	89°	360° – 2 · 89° – 128° = 54°	89°
b)	14°	112°	360° – 2 · 89° – 128° = 122°	112°
c)	360° – 2 · 14° – 205° = 127°	14°	205°	14°
d)	360° – 2 · 57° – 171° = 75°	57°	171°	57°
e)	67°	103°	360° – 2 · 103° – 67° = 87°	103°

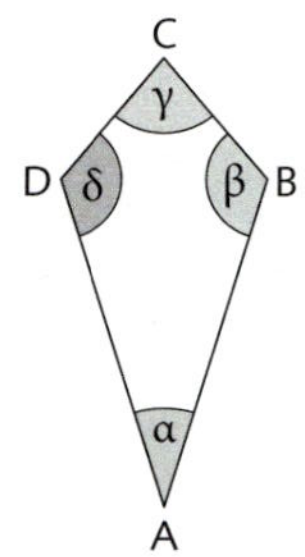

8 Betrachte das Sechseck. Du kannst jetzt entweder alle sechs Winkel messen und zusammenaddieren. Oder du siehst dir noch einmal Aufgabe **2** auf S. 26 an.
Fällt dir ein Weg ein, wie du die Winkelsumme in diesem Sechseck ohne zu messen bestimmen kannst? Ein Tipp: Das geht sogar für jedes beliebige Sechseck!

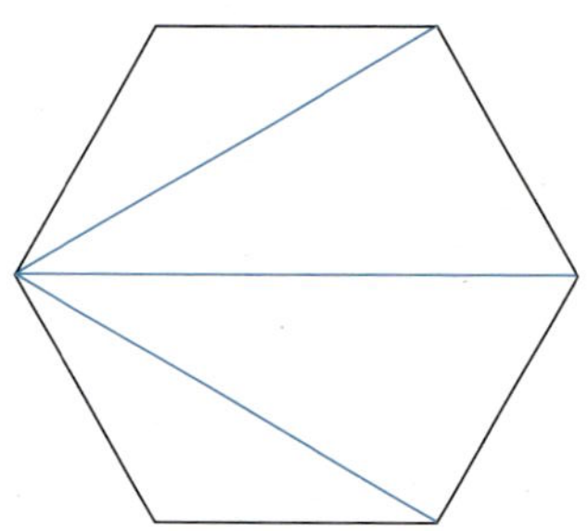

Die Winkelsumme in einem Sechseck beträgt 4 · 180° = 720°.

Erklärung:

Ich kann das Sechseck in vier Dreiecke zerlegen. In jedem Dreieck beträgt die Winkelsumme 180°, zusammen sind das 720 °.

Vierecke unterscheiden

1 Im Haus der Vierecke sind alle Viereckarten aufgrund ihrer Eigenschaften angeordnet.
Schreibe die Namen der Vierecke in die jeweilige Fläche.

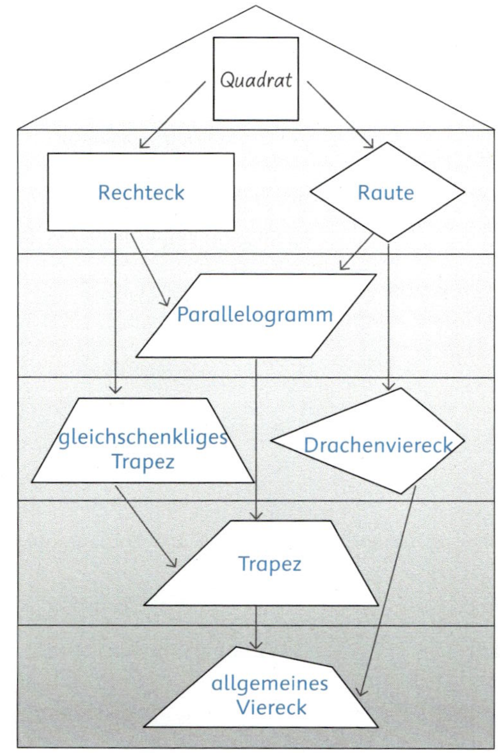

~~allgemeines Viereck~~
~~Drachenviereck~~
Dreieck
~~gleichschenkliges Trapez~~
~~Parallelogramm~~
~~Quadrat~~
~~Raute~~
~~Rechteck~~
~~Trapez~~

2 Vervollständige die Sätze. individuelle Lösung, z.B.

a) Jedes Quadrat ist auch ein Rechteck und eine Raute.
b) Jedes Rechteck ist auch ein Parallelogramm.
c) Jedes Parallelogramm ist auch ein Trapez.
d) Jede Raute ist auch ein Drachenviereck und ein Parallelogramm.
e) Jedes Trapez ist auch ein allgemeines Viereck.
f) Jedes Drachenviereck ist auch ein allgemeines Viereck.
g) Jedes gleichschenklige Trapez ist auch ein Trapez und ein allgemeines Viereck.

3 Für welche Vierecke gelten die folgenden Aussagen immer? Kreuze an.

Eigenschaften	Quadrat	Rechteck	Parallelogramm	Raute	Drachenviereck	Trapez	allgemeines Viereck
Die gegenüberliegenden Seiten sind immer gleich lang.	X	X	X	X			
Die gegenüberliegenden Winkel sind gleich groß.	X	X	X	X			
Mindestens zwei Seiten sind zueinander parallel.	X	X	X	X		X	
Alle Winkel sind gleich groß.	X	X					
Mindestens zwei Seiten sind gleich lang.	X	X	X	X	X		
Alle Winkel sind rechte Winkel.	X	X					
Alle Seiten sind gleich lang.	X			X			

4 Stimmen die Aussagen? Begründe deine Antwort.

a) Kenan sagt:

„Jedes Quadrat ist auch ein Rechteck."

Individueller Lösungssatz, z. B.: Ein Quadrat hat vier rechte Winkel, also stimmt die Aussage.

b) Lisa sagt:

„Jedes Rechteck ist auch ein Parallelogramm."

Individueller Lösungssatz, z. B.: Bei einem Rechteck sind gegenüberliegende Seiten parallel, also stimmt die Aussage.

c) Paul sagt:

„Jedes Parallelogramm ist ein Rechteck."

Individueller Lösungssatz, z. B.: Parallelogramme müssen keine rechten Winkel haben, also stimmt die Aussage nicht.

5 Zeichne jeweils zwei Vierecke mit den genannten Eigenschaften. Benenne die Vierecke.

a) Die gegenüberliegenden Seiten sind gleich lang.
Alle Winkel sind rechte Winkel.

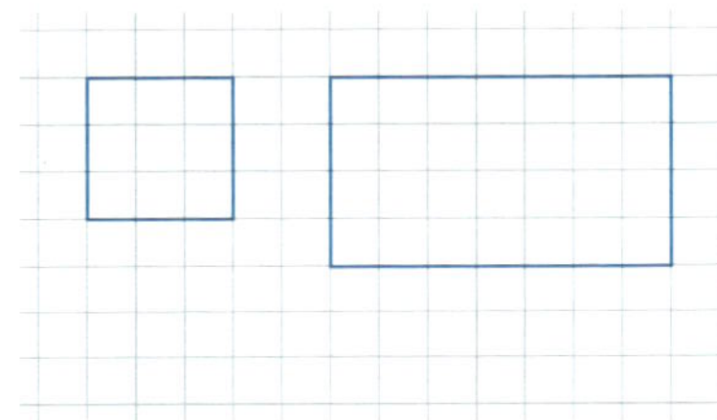

Bezeichnung: Quadrat, Rechteck

b) Die benachbarten Seiten sind immer gleich lang.
Die gegenüberliegenden Winkel sind gleich groß.

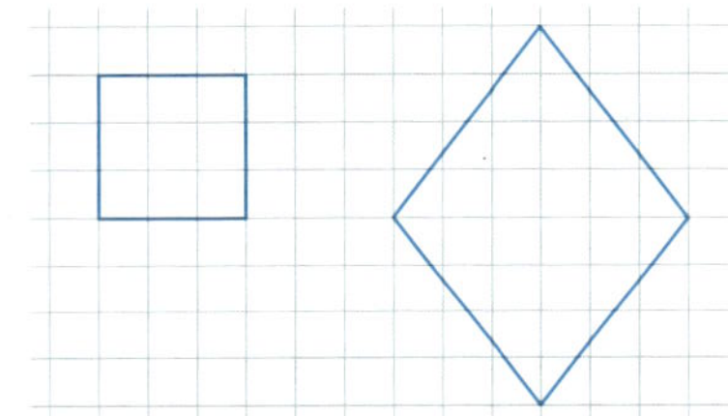

Bezeichnung: Quadrat, Raute

6 Finde heraus, wie viele Symmetrieachsen die Vierecke haben.

a) Zeichne sie ein.

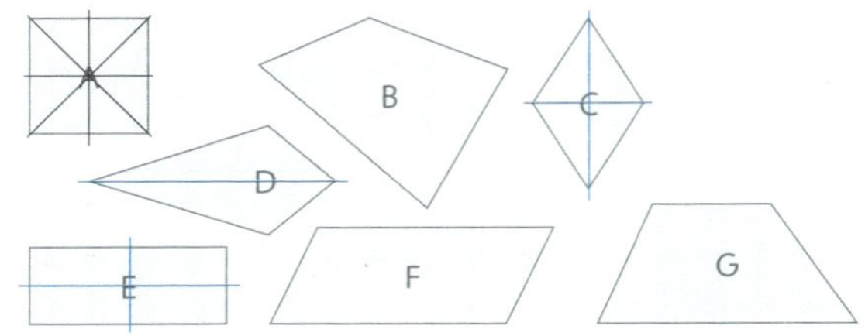

b) Vervollständige die Tabelle.
Begründe jeweils deine Entscheidung.

Viereck	Vierecksart	Anzahl der Symmetrieachsen
A	Quadrat	4
B	allgemeines Viereck	0
E	Rechteck	2
F	Parallelogramm	0
D	Drachenviereck	1
C	Raute	2
G	Trapez	0

Parallelogramm und Raute

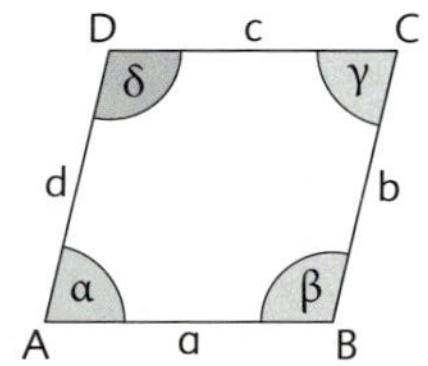

1 Wie bei den Dreiecken gibt es auch für Vierecke einige Regeln, wie man die Seiten, Ecken und Winkel bezeichnet.

Fülle die Felder im Lückentext aus.

Ein Viereck hat vier ___Seiten___, ___vier___ Winkel und ___vier___ ___Ecken___.

Die Seiten bezeichnet man mit ___kleinen___ Buchstaben, die Ecken mit ___großen___ Buchstaben.

Für die Winkel nimmt man die ___griechischen___ Kleinbuchstaben ___α, β, γ und δ___.

Die Bezeichnung erfolgt immer ___gegen___ den Uhrzeigersinn.

Die Seite a ist immer in Umlaufrichtung ___rechts___ von der Ecke A und dem Winkel α.

Die Seite b ist immer rechts von der Ecke ___B___ und dem Winkel ___β___ und so weiter.

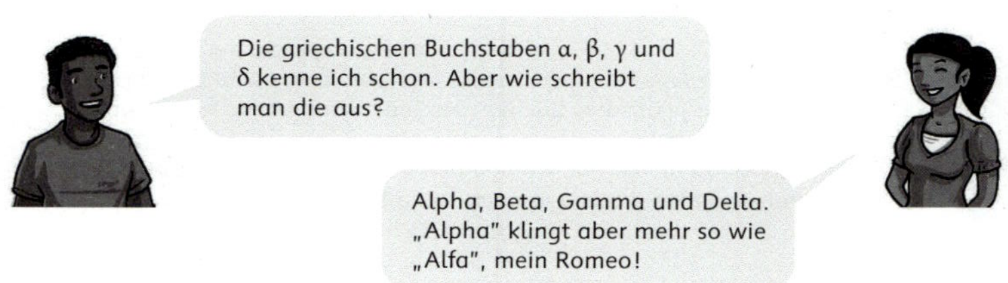

2 Beantworte die Fragen mit ja oder nein!

Aussage	ja	nein
In einem Parallelogramm sind die Seiten a und c parallel.	⊗	○
In einer Raute sind die Seiten a und b gleich lang.	⊗	○
In einem Parallelogramm sind die Seiten a und c gleich lang.	⊗	○
In einer Raute sind die Seiten a und b immer parallel.	○	⊗

3 Miss die Seitenlängen der Parallelogramme und Rauten.

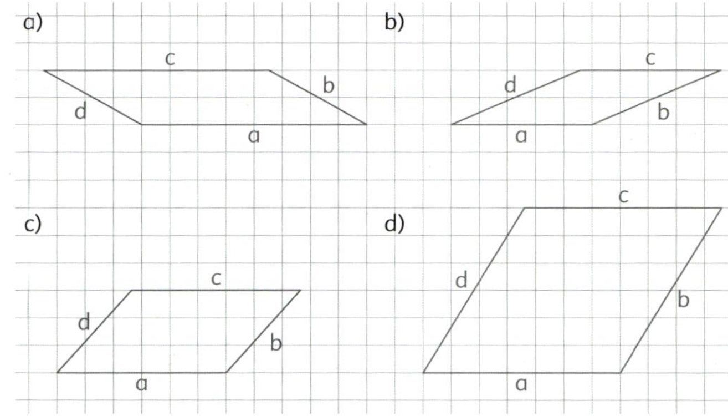

a) a = 4 cm b = 2 cm c = 4 cm d = 2 cm

b) a = 2,5 cm b = 2,5 cm c = 2,5 cm d = 2,5 cm

c) a = 3 cm b = 2 cm c = 3 cm d = 2 cm

d) a = 3,5 cm b = 3,5 cm c = 3,5 cm d = 3,5 cm

4 Wie heißen die abgebildeten Figuren?
Schreibe zu beiden Figuren die Formel hin, mit der du den Umfang berechnest.
Miss dann die Seitenlängen und berechne den Umfang.

a)

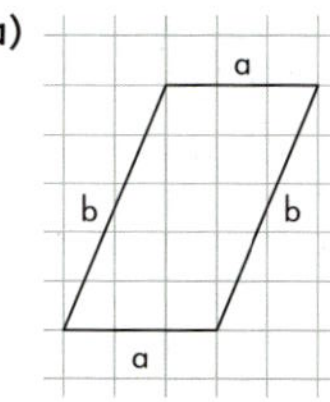

Bezeichnung: Parallelogramm

Formel für die Umfangsberechnung:

$u_{▱} = 2 \cdot a + 2 \cdot b$

Berechnung des Umfangs:

$a = 1{,}5$ cm, $b = 2{,}7$ cm

$u_{▱} = 2 \cdot 1{,}5$ cm $+ 2 \cdot 2{,}7$ cm

$u_{▱} = 8{,}4$ cm

b)

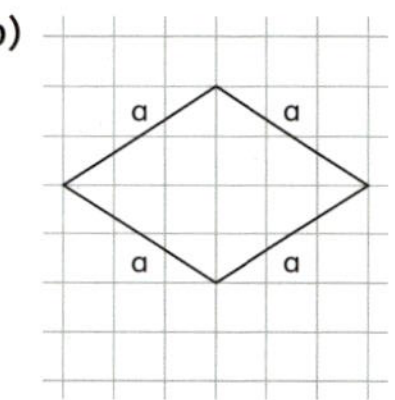

Bezeichnung: Raute

Formel für die Umfangsberechnung:

$u_{◇} = 4 \cdot a$

Berechnung des Umfangs:

$a = 1{,}8$ cm

$u_{◇} = 4 \cdot 1{,}8$ cm

$u_{◇} = 7{,}2$ cm

5 a) Miss alle Seiten und Winkel in diesem Parallelogramm.

b) Zeichne zu jeder Seite des Parallelogramms eine Parallele im Abstand von 1 cm. Die Parallelen sollen außerhalb des Parallelogramms liegen.

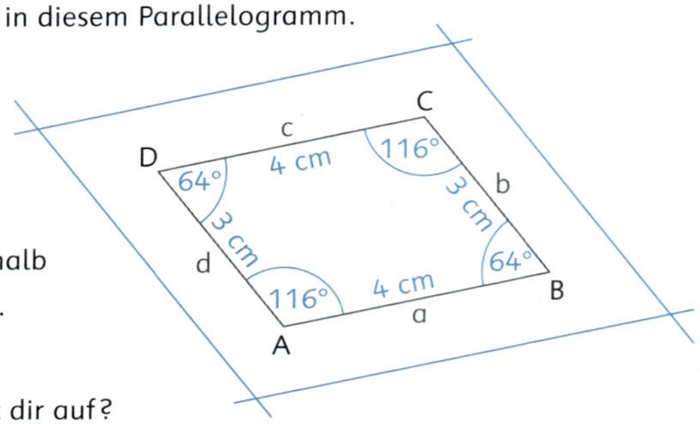

c) Miss die Winkel des neuen Parallelogramms – was fällt dir auf?

Die Seitenlänge verändert sich,
aber die Größe der Winkel bleibt gleich.

So konstruiere ich ein Parallelogramm, wenn a, b und β gegeben sind:
1. Ich zeichne die Seite a zwischen A und B und eine Linie im Winkel β an Ecke B.
2. Ich markiere die Seitenlänge b auf der Linie mit dem Zirkel.
3. Ich zeichne mit dem Geodreieck die Seiten c und d parallel zu a und b und bezeichne die restlichen Ecken.

6 Konstruiere die Parallelogramme.
Fertige zuerst eine Planfigur an.
Beschrifte in den fertigen Parallelogramme die Ecken und Seiten sowie den bekannten Winkel.

a) $a = 4{,}5\,cm$
$b = 3{,}5\,cm$
$\beta = 60°$

Planfigur:

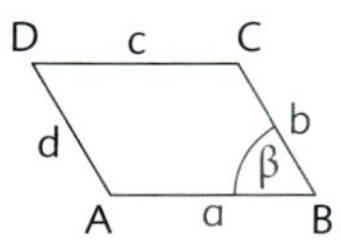

Konstruktion:

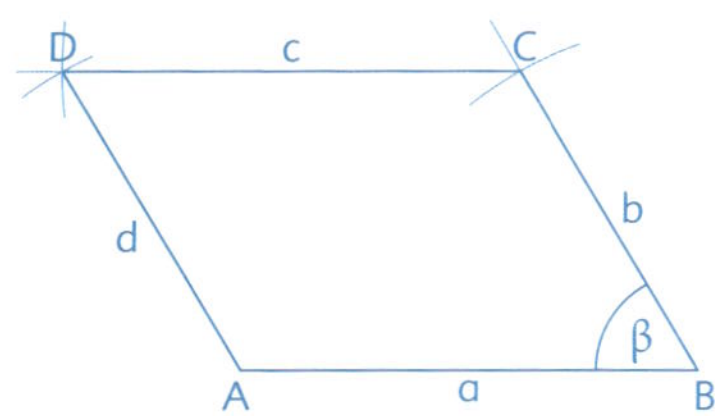

b) $b = 4{,}5\,cm$
$c = 2{,}5\,cm$
$\gamma = 54°$

Planfigur:

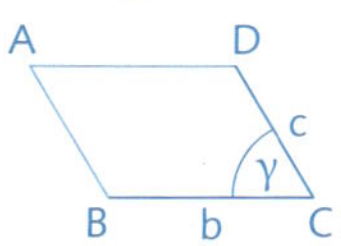

Konstruktion:

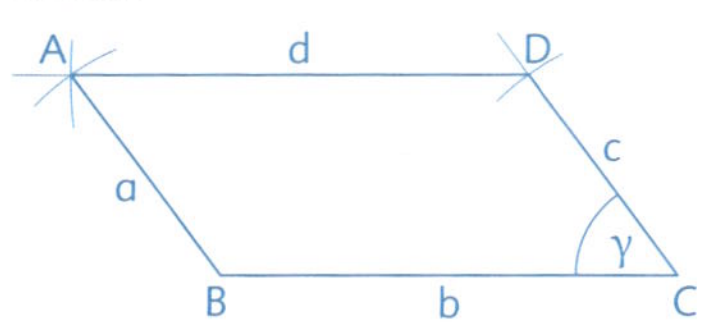

Trapez und Drachenviereck

1 Welche Aussagen über ein Trapez stimmen immer?
Kreuze an!

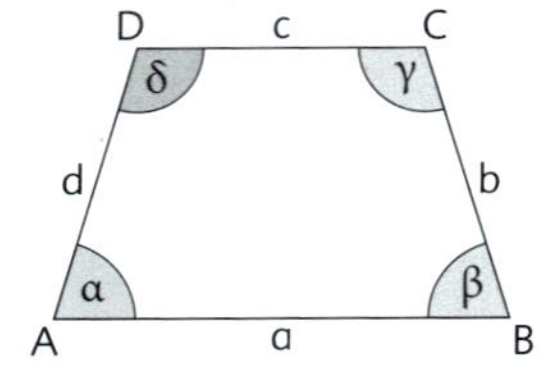

Die Seiten a und c sind parallel.	⊗
Die Seiten a und b sind parallel.	○
Ein Winkel ist ein rechter Winkel.	○
Die Winkel β und γ ergeben zusammen immer 180°.	⊗
Die Seite b ist länger als die Seite c.	○
Alle Winkel zusammen ergeben 360°.	⊗

2 Welche Seiten bzw. Winkel sind in einem Drachenviereck immer genau gleich groß?

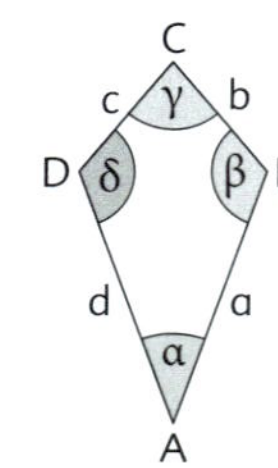

Achtung – zwei Größen haben keinen gleich großen Partner!

a) Die Seite a ist genauso groß wie die Seite b.

b) Die Seite b ist genauso groß wie die Seite a.

c) Die Seite c ist genauso groß wie die Seite d.

d) Die Seite d ist genauso groß wie die Seite c.

e) Der Winkel α ist genauso groß wie der Winkel γ.

f) Der Winkel β ist genauso groß wie kein Winkel.

g) Der Winkel γ ist genauso groß wie α.

h) Der Winkel δ ist genauso groß wie kein Winkel.

3 Wie heißen die abgebildeten Figuren?
Schreibe zu beiden Figuren die Formel hin, mit der du den Umfang berechnest.
Miss dann die Seitenlängen und berechne den Umfang.

a) 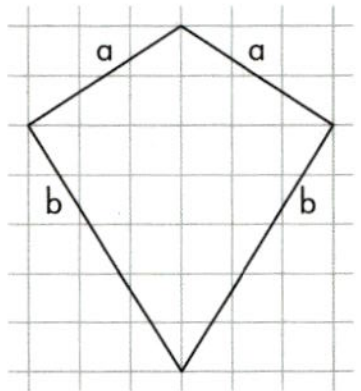

Bezeichnung: *Drachenviereck*

Formel für die Umfangsberechnung:

$u_◊$ = *2 · a + 2 · b*

Berechnung des Umfangs:

a = 1,8 *cm*, *b* = 2,9 *cm*

$u_◊$ = 2 · 1,8 *cm* + 2 · 2,9 *cm*

$u_◊$ = 9,4 *cm*

b) 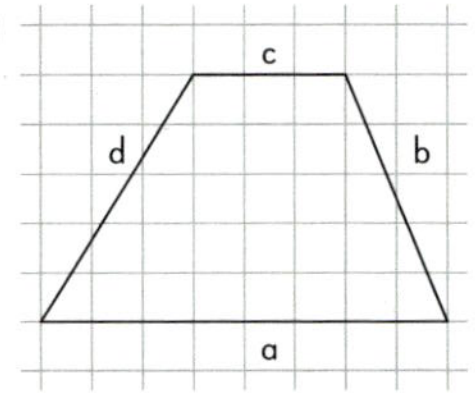

Bezeichnung: *Trapez*

Formel für die Umfangsberechnung:

$u_⏢$ = a + b + c + d

Berechnung des Umfangs:

a = 4 cm, b = 2,6 cm, c = 1,5 cm, d = 2,9 cm

$u_⏢$ = 4 cm + 2,6 cm + 1,5 cm + 2,9 cm

$u_⏢$ = 11 cm

So konstruierst du ein Trapez.

1 Zeichne die Seite a.
Markiere die Punkte A und B.
Trage in A den Winkel α an.

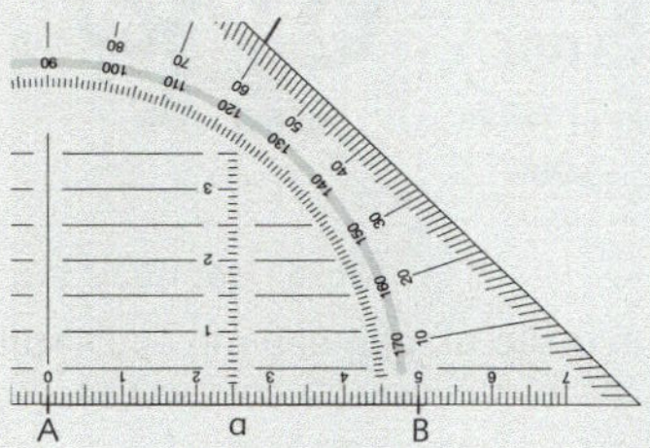

2 Schlage um A einen Kreisbogen mit r = 3 cm.
Der Schnittpunkt mit der Geraden d ist D.

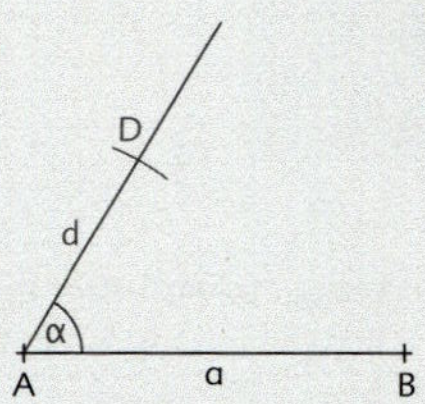

3 Trage in B den Winkel β an.

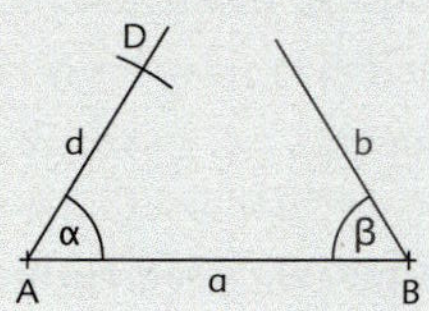

4 Zeichne durch D eine Parallele zu $\overline{AB}$.

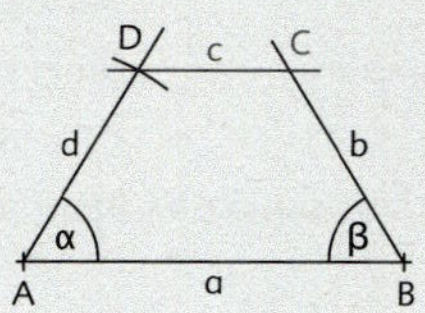

4 Konstruiere die Trapeze.

a) a = 7 cm; d = 5 cm; α = 70°; β = 70°

Planfigur:
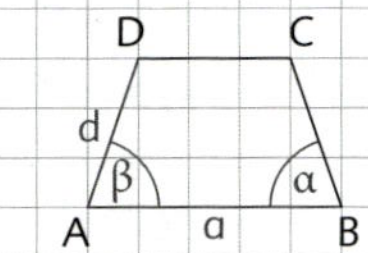

Konstruktion:
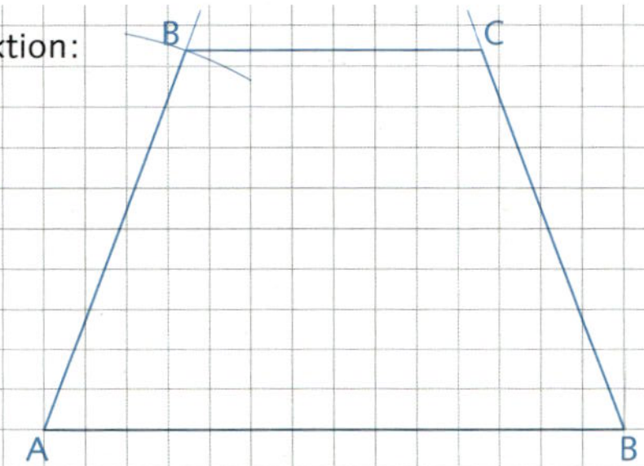

b) a = 5,5 cm; d = 3 cm; α = 90°; β = 48°

Planfigur:
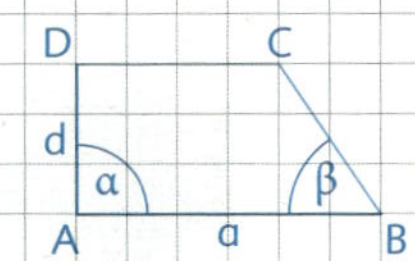

Konstruktion:
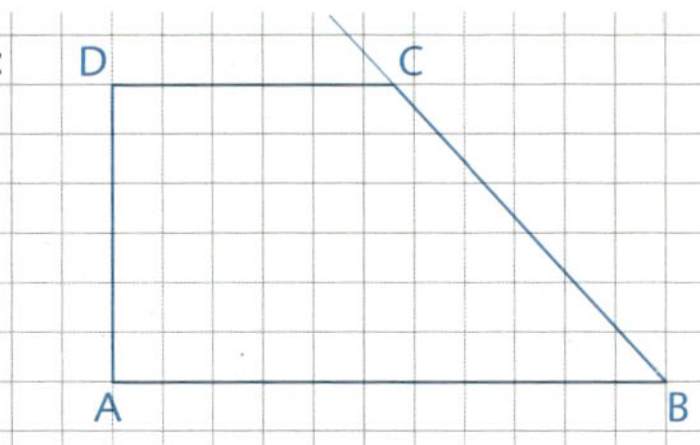

c) a = 6,5 cm; b = 3 cm; α = 50°; β = 55°

Planfigur:
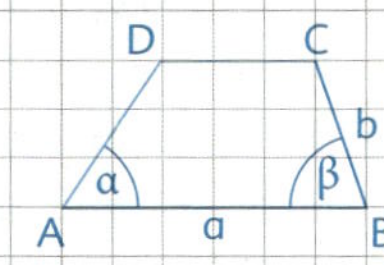

Konstruktion:
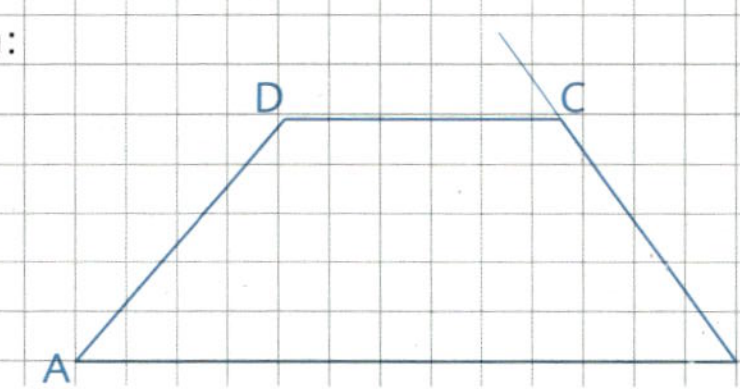

d) a = 13 cm; b = 2,5 cm; α = 16°; β = 55°

Planfigur:
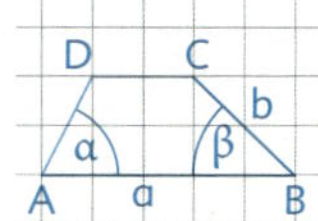

Konstruktion:
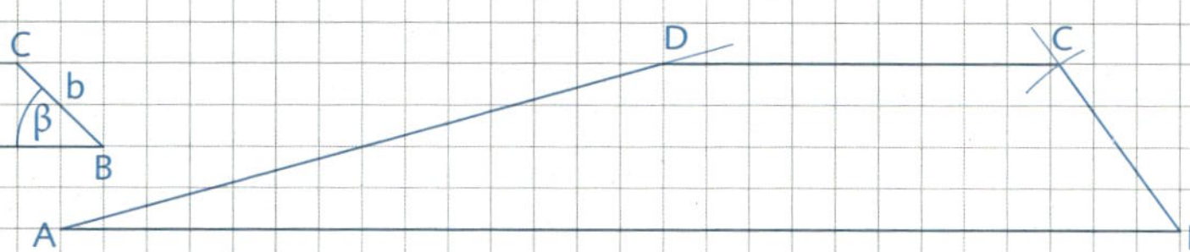

Wiederholung: Prozentwert, Prozentsatz und Grundwert

Begriffe beim Prozentrechnen

25 Fahrräder von 125 Fahrrädern sind nicht verkehrssicher. Das sind 20 %.
Prozentwert W | Grundwert G | Prozentsatz p %

Der Grundwert G bezieht sich auf das Ganze. Der Grundwert entspricht 100 %.
Der Prozentwert W ist ein Teil des Ganzen.
Der Prozentsatz p % ist der Anteil des Prozentwerts am Grundwert.

1 Kennzeichne auf den Bildern die Begriffe Grundwert, Prozentwert und Prozentsatz mit der richtigen Farbe.

a)

~~500 €~~
neuer Preis
300 €
Sie zahlen
nur 60 %.

b)

c)

Fahrpreis:
4 €
Familientag:
50 % Rabatt
nur 2 €

d)

300 €
25 % Rabatt
Sie sparen
75 €

Grundwert — Prozentwert — Prozentsatz

2 Juri soll im Garten ein Beet umgraben. Das Beet ist 20 m² groß.
Ordne die Begriffe richtig zu.

Grundwert	Prozentwert	Prozentsatz
15 m²	75 %	20 m²

(Zuordnung: Grundwert – 20 m²; Prozentwert – 15 m²; Prozentsatz – 75 %)

Ich habe schon 15 m² geschafft. Das sind 75 % des ganzen Beetes.

3 Setze die Begriffe Grundwert G, Prozentwert W und Prozentsatz p % richtig ein.

Der Prozentwert W entspricht einem Teil vom Ganzen.
Der Prozentsatz p % wird in Prozent angegeben.
Er gibt den Anteil des Prozentwerts am Grundwert an.
Der Grundwert G entspricht 100 %. Er bezeichnet immer das Ganze.

4 Schreibe auf, was in den Aufgaben gegeben und gesucht ist.

gegeben bedeutet: Diese Angaben sind schon in der Aufgabe vorgegeben.
Es müssen immer zwei Angaben gegeben sein, damit du die dritte berechnen kannst.
gesucht bedeutet: Diese Angabe fehlt noch und muss berechnet werden.

Schreibe so:
gegeben: *Grundwert G = 100*
Prozentwert W = 25
gesucht: *Prozentsatz p % = ?*
Du musst jeweils entscheiden, was in der Aufgabe gegeben und gesucht ist.

Die Akkuanzeige des Handys zeigt 30 % an. Bei voller Akkuladung liegt die Laufzeit bei 72 Stunden.
Wie lange reicht die Akkuladung noch?

a) gegeben: Prozentsatz p % = 30 %
Grundwert G = 72 Std.
gesucht: Prozentwert W = ?

Ein Bio-Müsliriegel enthält 24,8 g Kohlenhydrate. Das sind 62 % des Gesamtgewichts eines Riegels.
Wie viel wiegt der Riegel?

b) gegeben: Prozentwert W = 24,8 g
Prozentsatz p % = 62 %
gesucht: Grundwert G = ?

c) gegeben: Grundwert G = 24 €
Prozentwert W = 18 €
gesucht: Prozentsatz p % = ?

5 Formuliere eine Sachaufgabe. Welcher Wert muss berechnet werden?
(Die angegebenen Lösungen sind Beispiele, es sind auch andere Lösungen möglich.)

a) 80 % sind 40 €.
Anna hat bereits 40 € für ein Handy angespart. Das entspricht 80 % des Kaufpreises.
gesucht: Grundwert G

b) 46 % von 350 km
Familie Schmidt fährt mit dem Auto in den Urlaub. 46 % des Weges haben sie bereits hinter sich.
gesucht: Prozentwert W

c) 15 € von 30 €
Kenan hat bereits 15 € von seinen 30 € Taschengeld ausgegeben.
gesucht: Prozentsatz p %

Wenn du in der Prozentrechnung eine Aufgabe lösen musst, hast du zwei Möglichkeiten:
Du kannst mit dem **Dreisatz** rechnen oder eine **Formel** benutzen.
Diese Formel lautet: $W = G \cdot p\,\%$.
Wenn du nicht W, sondern G oder p % brauchst, stellst du die Formel um:

$$G = \frac{W}{p\,\%} \qquad p\,\% = \frac{W}{G}$$

6 Gib zuerst den Prozentsatz für den grünen Anteil der geometrischen Figur an.
Berechne dann den gesuchten Wert mit dem Dreisatz.

a) 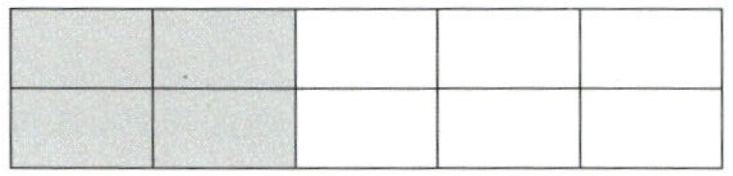

Der grüne Anteil beträgt $\frac{4}{10} = 40\,\%$ der Fläche.

Insgesamt ist die Fläche 300 m² groß.
Wie groß ist die grüne Fläche?

100 % sind 300 m²

1 % sind 3 m²

40 % sind 120 m²

b) 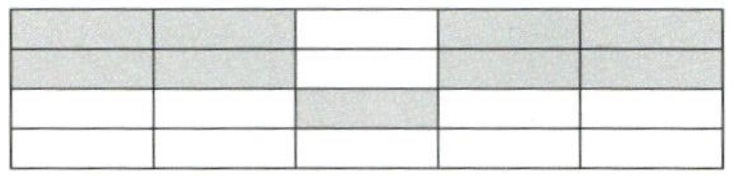

Der grüne Anteil beträgt $\frac{9}{15} = 60\,\%$ der Fläche.

Das sind 90 cm². Wie groß ist die gesamte Fläche?

60 % sind 90 cm²

1 % sind 1,5 cm²

100 % sind 150 cm²

7 Jana hat eine Bluse gekauft, die auf 60 % des ursprünglichen Preises herabgesetzt wurde. Sie bezahlte 18 €. Wie viel hat die Bluse ursprünglich gekostet?
Rechne mit dem Dreisatz.

60 % sind 18 €

1 % sind 0,30 €

100 % sind 30 €.

Die Bluse hat vorher 30 € gekostet.

8 Berechne die fehlenden Werte.
Gib dann die Formel an.

	a)	b)	c)	d)	e)	f)
Grundwert	180 m	260 kg	60 cm²	400 km	150 h	70 t
Prozentsatz	10 %	50 %	20 %	40 %	60 %	30 %
Prozentwert	18 m	130 kg	12 cm²	160 km	90 h	21 t
Formel	$W = G \cdot p\,\%$	$G = \frac{W}{p\,\%}$	$p\,\% = \frac{W}{G}$	$W = G \cdot p\,\%$	$p\,\% = \frac{W}{G}$	$G = \frac{W}{p\,\%}$

Verminderter und vermehrter Grundwert

Wenn du den Grundwert G um einen Betrag vergrößerst, dann ist der Prozentwert W größer als der Grundwert G.

In so einem Fall nennt man den Prozentwert W einen **vermehrten Grundwert**.

Weil W größer als G ist, ist dann der Prozentsatz p % größer als 100 %.

Du berechnest bei einem vermehrten Grundwert den Prozentsatz p %, indem du die Erhöhung des Grundwerts in Prozent ausdrückst und dies dann zu 100 % dazuaddierst.

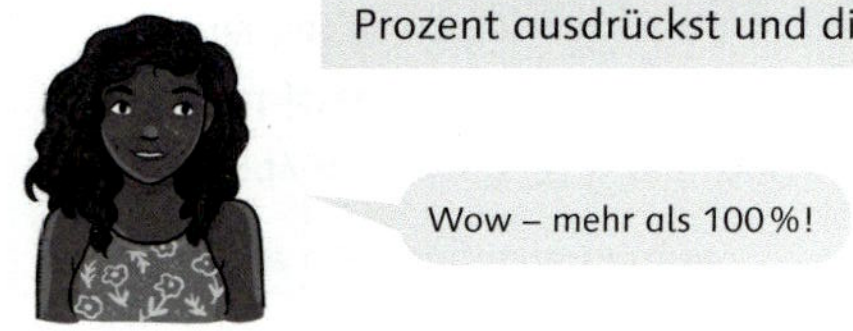

1 Bestimme den Prozentsatz bei den folgenden Aufgaben mit vermehrtem Grundwert.

	Grundwert G	Prozentwert W	Erhöhung in €	Erhöhung in %	Prozentsatz p %
Mikas Handy-Vertrag kostete bisher 8 € im Monat. Jetzt sind es 10 €.	8 €	10 €	2 €	$\frac{2\,€}{8\,€} = 0{,}25 = 25\,\%$	100 % + 25 % = 125 %
1 kg Äpfel kostete bisher 2,50 €. Jetzt sind es 3,50 €.	2,50 €	3,50 €	1,00 €	$\frac{1\,€}{2{,}5\,€} = 0{,}4 = 40\,\%$	100 % + 40 % = 140 %
Die Solaranlage der Schule hat letztes Jahr 2000 € eingebracht. Dieses Jahr sind es 3000 €.	2000 €	3000 €	1000 €	$\frac{1000\,€}{2000\,€} = 0{,}5 = 50\,\%$	100 % + 50 % = 150 %
Der FC Knödlingen gab in der 2. Liga 50 Mio. € pro Jahr aus. In der 1. Liga sind es 150 Mio. €.	50 Mio. €	150 Mio. €	100 Mio. €	$\frac{100\text{ Mio. }€}{50\text{ Mio. }€} = 2 = 200\,\%$	100 % + 200 % = 300 %

Wenn du den Grundwert G um einen Betrag verringerst, dann ist der Prozentwert W kleiner als der Grundwert G.

In so einem Fall nennt man den Prozentwert W einen **verminderten Grundwert**.

Nun ist der Prozentsatz p % kleiner als 100 %.

Du berechnest bei einem verminderten Grundwert den Prozentsatz p %, indem du die Verringerung des Grundwerts in Prozent ausdrückst und dies dann von 100 % subtrahierst.

2 Bestimme den Prozentsatz bei den folgenden Aufgaben mit vermindertem Grundwert.

	Grundwert G	Prozentwert W	Abnahme	Verringerung in %	Prozentsatz p %
Charly wog letzte Woche 50 kg. Jetzt wiegt sie 49 kg.	50 kg	49 kg	1 kg	$\frac{1\,kg}{50\,kg} = 0{,}02 = 2\,\%$	100 % − 2 % = 98 %
Kenans Opa hat vor 10 Jahren 10 kg Äpfel geerntet. Jetzt erntet er 7 kg.	10 kg	7 kg	3 kg	$\frac{3\,kg}{10\,kg} = 0{,}3 = 30\,\%$	100 % − 30 % = 70 %
Die Neue Partei hatte vor 4 Jahren 2000 Stimmen. Jetzt bekam sie nur noch 1200 Stimmen.	2000	1200	800	$\frac{800}{2000} = 0{,}4 = 40\,\%$	100 % − 40 % = 60 %
Influencer Hans hatte gestern 10 000 Likes. Heute hat er 100.	10 000	100	9900	$\frac{9900}{10\,000} = 0{,}99 = 99\,\%$	100 % − 99 % = 1 %

3 Vermehrter oder verminderter Grundwert?

Der Club hat 15 % mehr Mitglieder als letzten Monat. vermehrter Grundwert

Die Jetzt-noch-billiger-Arena hat 10 % weniger Stehplätze. verminderter Grundwert

In der Gummibärchen-Packung sind 5 % weniger Gummibärchen. verminderter Grundwert

Die Buchungen haben um die Hälfte zugenommen. vermehrter Grundwert

4 Berechne die neuen Preise.

a) Ein T-Shirt kostete vorher 10 Euro. Es wurde um 30 % reduziert.

100 % − 30 % = 70 %

Anteil	Preis
100 %	10,00 €
1 %	0,10 €
70 %	7,00 €

Das T-Shirt kostet nun 7 €.

b) Ein Pullover kostete vorher 40 Euro. Er wurde um 20 % reduziert.

100 % − 20 % = 80 %

Anteil	Preis
100 %	40,00 €
1 %	0,40 €
80 %	32,00 €

Der Pullover kostet nun 32 €.

c) Ein Kleid kostete vorher 60 Euro. Es wurde um 40 % reduziert.

100 % − 40 % = 60 %

Anteil	Preis
100 %	60,00 €
1 %	0,60 €
60 %	36,00 €

Das Kleid kostet nun 36 €.

d) Eine Jacke kostete vorher 120 Euro. Sie wurde um 10 % reduziert.

100 % − 10 % = 90 %

Anteil	Preis
100 %	120,00 €
1 %	1,20 €
90 %	108,00 €

Die Jacke kostet nun 108 €.

5 Berechne die ursprünglichen Preise.

a) Ein Handy wurde um 30 % reduziert. Es kostet jetzt nur noch 56 Euro. Wie viel hat es vorher gekostet?

100 % − 30 % = 70 %

Anteil	Preis
70 %	56,00 €
1 %	0,80 €
100 %	80,00 €

Das Handy kostete vorher 80 €.

b) Eine Jeans wurde um 40 % reduziert. Sie kostet jetzt nur noch 42 Euro. Wie viel hat sie vorher gekostet?

100 % − 40 % = 60 %

Anteil	Preis
60 %	42,00 €
1 %	0,42 €
100 %	70,00 €

Die Jeans kostete vorher 70 €.

Zinssatz berechnen

Vitali hat Geld gespart, insgesamt 100 €. Er möchte es bei einer Bank einzahlen, weil er gehört hat, dass es dort „Zinsen“ gibt. Er weiß aber nicht genau, was das bedeutet, und fragt die Beraterin Frau Cajera. Diese erklärt ihm:

Zinsrechnung geht genau wie Prozentrechnung – die Dinge haben bloß andere Namen!
Der Grundwert G heißt hier Kapital K, das sind deine 100 €.
Der Anteil davon, also der Prozentwert W, sind hier die Zinsen Z, die bekommst du von der Bank, zum Beispiel 5 €.
Der Prozentsatz p % heißt jetzt Zinssatz, die Abkürzung „p %“ benutzen wir auch in der Zinsrechnung. In deinem Fall wären es 5 %.

1 Welche Bezeichnungen aus der Prozentrechnung können denen der Zinsrechnung zugeordnet werden? Verbinde.

Prozentrechnung	Zinsrechnung
Grundwert G	Zinssatz p %
Prozentsatz p %	Kapital K
Prozentwert W	Zinsen Z

(Verbindungen: Grundwert G – Kapital K; Prozentsatz p % – Zinssatz p %; Prozentwert W – Zinsen Z)

2 Markiere in jedem Satz (Kapital), [Zinsen] und [Zinssatz] mit einem Kringel, einem durchgezogenen oder einem gestricheltem Rechteck.

a) Frau Huber kauft sich ein Auto. Dafür nimmt sie einen Kredit in Höhe von (5000 €) auf. Sie zahlt dafür [7 %] Zinsen im Jahr. Das entspricht [350 €].

b) Herr Prange hat im Lotto (20 000 €) gewonnen und zahlt den Gewinn auf ein Festgeldkonto ein. Er bekommt dafür jährlich [700 €] Zinsen. Das entspricht einem Zinssatz von [3,5 %].

c) Oles Bruder hat bei einem Kunstwettbewerb 400 € Preisgeld gewonnen. Für 100 € kauft er sich hochwertige Künstlerfarbe. Die übrigen (300 €) zahlt er auf ein Konto ein. Er bekommt einen Zinssatz von [2 %] im Jahr. Das entspricht [6 €].

3 Was wird gesucht? Kreuze an.

		Kapital K	Zinsen Z	Zinssatz p %
a)	Kenan hat 500 € zu einem Zinssatz von 1,5 % pro Jahr angelegt.	○	⊗	○
b)	Greta bekommt auf ihr Guthaben einen Jahreszinssatz von 2 %. Das entspricht 50 €.	⊗	○	○
c)	Frau Kowalski kauft sich eine neue Waschmaschine. Dafür nimmt sie einen Kredit in Höhe von 1000 € auf. Sie zahlt für den Kredit 80 € Zinsen im Jahr.	○	○	⊗
d)	Tims Eltern zahlen in einem Jahr einen Kredit über 1800 € ab. Der Zinssatz beträgt 7 %.	○	⊗	○
e)	Tim hat 400 € auf seinem Konto. Er bekommt dafür jährlich 8 € Zinsen.	○	○	⊗

4 Formuliere zwei Sätze wie in Aufgabe 3 **b)** bis **e)**.
Hier sind verschiedene Lösungen möglich.

Vitali hat 100 € von seiner Oma geschenkt bekommen.

Das Geld legt er zu einem Zinssatz von 2 % bei der Sparkasse an.

Aha! Wenn bei Prozentrechnung und Zinsrechnung nur die Namen anders sind, kann ich ja Zinsen genauso berechnen wie Prozente.
Also mit dem Dreisatz oder mit den drei Formeln.
Wie sehen die jetzt wohl aus ?

$Z = K \cdot p\,\%$, $K = \frac{Z}{p\,\%}$ und $p\,\% = \frac{Z}{K}$

5 Berechne den Zinssatz mit dem Dreisatz.

a) Für 800 € Kapital bekomme ich 16 € Zinsen.

Betrag	Anteil
800 €	100 %
8 €	1 %
16 €	2 %

Der Zinssatz beträgt 2 %.

b) Für 4000 € Kapital gibt es 200 € Zinsen.

Betrag	Anteil
4000 €	100 %
40 €	1 %
200 €	5 %

Der Zinssatz beträgt 5 %.

6 Berechne den Zinssatz mit dem Dreisatz.

a) Mit welcher Formel hättest du in Aufgabe **5** auch auf das Ergebnis kommen können? $p\,\% = \frac{Z}{K}$

b) Berechne die Ergebnisse von Aufgabe **5** mit dieser Formel. Kommst du auf dasselbe Ergebnis?

Für 800 € Kapital bekomme ich 16 € Zinsen. $p\,\% = \frac{16\,€}{800\,€} = \frac{1}{50} = 0{,}02 = 2\,\%$

Für 4000 € Kapital gibt es 200 € Zinsen. $p\,\% = \frac{200\,€}{4000\,€} = \frac{1}{20} = 0{,}05 = 5\,\%$

7 Berechne den Zinssatz mit dem Dreisatz.

	Kapital	Zinsen	Zinssatz
a)	400 €	16 €	4 %
b)	500 €	25 €	5 %
c)	700 €	21 €	3 %
d)	200 €	8 €	4 %
e)	2500 €	125 €	5 %

8 Berechne für die beiden Angebote **A** und **B** den fehlenden Wert. Vergleiche den Zinssatz bei **A** mit dem Zinssatz bei **B**.

a) **A** Kapital: 2000 € — Zinsen: 60 € — Zinssatz: 3 %
B Kapital: 1000 € — Zinsen: 40 € — Zinssatz: 4 %

Der Zinssatz bei Angebot **B** ist höher.

b) **A** Kapital: 500 € — Zinsen: 15 € — Zinssatz: 3 %
B Kapital: 600 € — Zinsen: 15 € — Zinssatz: 2,5 %

Der Zinssatz bei Angebot **A** ist höher.

c) **A** Kapital: 1200 € — Zinsen: 30 € — Zinssatz: 2,5 %
B Kapital: 1600 € — Zinsen: 40 € — Zinssatz: 2,5 %

Der Zinssatz bei Angebot **A** ist genauso hoch wie bei Angebot **B**.

Zinsen und Kapital berechnen

1 Berechne die Zinsen. Verwende den Dreisatz.

a) 400 € werden zu einem Zinssatz von 11 % verzinst.

Anteil	Betrag
100 %	400 €
1 %	4 €
11 %	44 €

Die Zinsen betragen 44 €.

b) 2500 € werden zu einem Zinssatz von 4 % verzinst.

Anteil	Betrag
100 %	2500 €
1 %	25 €
4 %	100 €

Die Zinsen betragen 100 €.

c) 2000 € werden zu einem Zinssatz von 2,5 % verzinst.

Anteil	Betrag
100 %	2000 €
1 %	20 €
2,5 %	50 €

Die Zinsen betragen 50 €.

d) 30 000 € werden zu einem Zinssatz von 7 % verzinst.

Anteil	Betrag
100 %	30 000 €
1 %	300 €
7 %	2100 €

Die Zinsen betragen 2100 €.

2 a) Mit welcher Formel hättest du in Aufgabe 1 auch auf das Ergebnis kommen können? $Z = K \cdot p\,\%$

b) Berechne die Ergebnisse von Aufgabe 1 mit dieser Formel. Kommst du auf dasselbe Ergebnis?

400 € werden zum Zinssatz von 11 % verzinst.
$Z = 400\,€ \cdot 11\,\% = 400\,€ \cdot 0{,}11 = 44\,€$

2500 € werden zum Zinssatz von 4 % verzinst.
$Z = 2500\,€ \cdot 4\,\% = 2500\,€ \cdot 0{,}04 = 100\,€$

2000 € werden zum Zinssatz von 2,5 % verzinst.
$Z = 2000\,€ \cdot 2{,}5\,\% = 2000\,€ \cdot 0{,}025 = 50\,€$

30 000 € werden zum Zinssatz von 7 % verzinst.
$Z = 30\,000\,€ \cdot 7\,\% = 30\,000\,€ \cdot 0{,}07 = 2100\,€$

3 Jaquelines Tante hat im Lotto 20 000 € gewonnen.
Die A-Bank bietet ihr an, das Geld zu einem Zinssatz von 4 % anzulegen, die Tante würde also hinterher 4 % des Geldes zusätzlich ausgezahlt bekommen.
Dafür verlangt die A-Bank aber eine Bearbeitungsgebühr von 300 €.
Die B-Bank bietet stattdessen nur 3 % Zinsen, aber ohne Bearbeitungsgebühr.
Welches Angebot würdest du wählen, wenn du Jaquelines Tante wärst?

Rechnung:

A-Bank

20 000 € werden zum Zinssatz von 4 % verzinst:

$Z = 20\,000\,€ \cdot 4\,\% = 20\,000\,€ \cdot 0{,}04 = 800\,€$

B-Bank

20 000 € werden zum Zinssatz von 3 % verzinst:

$Z = 20\,000\,€ \cdot 3\,\% = 20\,000\,€ \cdot 0{,}03 = 600\,€$

Auszahlung der A-Bank: 20 000 € + 800 € – 300 € = 20 500 €

Auszahlung der B-Bank: 20 000 € + 600 € = 20 600 €

Antwort: Die B-Bank zahlt insgesamt mehr aus, deshalb würde ich das Angebot der B-Bank wählen.

4 Berechne das Kapital, mit dem Vitali arbeitet. Verwende den Dreisatz.

a) Zinssatz: 3 %, Zinsen: 15 €

Anteil	Betrag
3 %	15 €
1 %	5 €
100 %	500 €

Das Kapital beträgt 500 €.

b) Zinssatz: 2 %, Zinsen: 24 €

Anteil	Betrag
2 %	24 €
1 %	12 €
100 %	1200 €

Das Kapital beträgt 1200 €.

c) Zinssatz: 5 %, Zinsen: 12 €

Anteil	Betrag
5 %	12 €
1 %	2,40 €
100 %	240 €

Das Kapital beträgt 240 €.

d) Zinssatz: 11 %, Zinsen: 121 €

Anteil	Betrag
11 %	121 €
1 %	11 €
100 %	1100 €

Das Kapital beträgt 1100 €.

5 a) Mit welcher Formel hättest du in Aufgabe 4 auch auf das Ergebnis kommen können? $K = \frac{Z}{p\,\%}$

b) Berechne die Ergebnisse von Aufgabe 4 mit dieser Formel.
Kommst du auf dasselbe Ergebnis?

Zinssatz: 3 %, Zinsen: 15 €

$K = \frac{15\,€}{3\,\%} = 15\,€ : 0{,}03 = 500\,€$

Zinssatz: 2 %, Zinsen: 24 €

$K = \frac{24\,€}{2\,\%} = 24\,€ : 0{,}02 = 1200\,€$

Zinssatz: 5 %, Zinsen: 12 €

$K = \frac{12\,€}{5\,\%} = 12\,€ : 0{,}05 = 240\,€$

Zinssatz: 11 %, Zinsen: 121 €

$K = \frac{121\,€}{11\,\%} = 121\,€ : 0{,}11 = 1100\,€$

6 Vitalis Großvater hat vor einiger Zeit Geld bei seiner Sparkasse angelegt.
Er konnte einen guten Vertrag aushandeln und hat 6 % Zinsen bekommen.
Heute ist „Zahltag", die Sparkasse überweist ihm das eingezahlte Geld und dazu 1200 € an Zinsen.
Wie viel Geld hat Vitalis Großvater bei seiner Sparkasse angelegt?

Rechnung:

1200 € Zinsen werden ausgezahlt, der Zinssatz war 6 %:

$K = \frac{1200\,€}{6\,\%} = 1200\,€ : 0{,}06 = 72\,000\,€$

Antwort: Der Großvater hat 72 000 € bei seiner Sparkasse angelegt.

7 Auch wenn man bei einer Bank Geld ausleiht, muss man Zinsen zahlen – nur zahlt diesmal die Kundin oder der Kunde die Zinsen an die Bank.

Herr Schmidt leiht sich Geld bei seiner Hausbank.
Der Zinssatz für diesen Kredit liegt bei 5 %.
Als er das Geld nach einem Jahr zurückzahlt, sind Kreditzinsen von 500 € fällig.
Wie viel Geld hat Herr Schmidt von der Bank geliehen?
(Man nennt diesen Betrag auch die „Kreditsumme".)

Rechnung:

500 € Kreditzinsen sind fällig, Zinssatz: 5 %: $K = \frac{500\,€}{5\,\%} = 500\,€ : 0{,}05 = 10\,000\,€$

Antwort: Herr Schmidt hat sich 10 000 € von der Bank geliehen.

Vermischte Aufgaben zur Zinsrechnung

1 Vermehrter oder verminderter Grundwert? Kreuze an.

		vermehrter Grundwert	verminderter Grundwert
a)	Kenan bekommt 5 % mehr Taschengeld.	⊗	◯
b)	Der Preis für Telefonate ins Ausland ist um 10 % gefallen.	◯	⊗
c)	Juri verdient in seinem Nebenjob 2,5 % mehr als im letzten Monat.	⊗	◯
d)	Der Preis für einen Liter Benzin ist um 7 % gestiegen.	⊗	◯

2 Berechne den Preis für den Pullover und für die Hose.

Pullover:

$100\,\% = 50$

$1\,\% = \frac{50}{100}$

$60\,\% = \frac{50 \cdot 60}{100}$

$= 30\,€$

Hose:

$100\,\% = 70$

$1\,\% = \frac{70}{100}$

$60\,\% = \frac{70 \cdot 60}{100}$

$= 42\,€$

3 Ergänze die Tabelle. Nutze den Taschenrechner.

	Grundwert	Zunahme/ Abnahme in %	vermehrter/verminderter Grundwert in %	vermehrter/ verminderter Grundwert in €
a)	100 €	– 20 %	80 %	80 €
b)	50 €	+ 5 %	105 %	52,50 €
c)	200 €	+ 20 %	120 %	240 €
d)	1000 €	– 25 %	75 %	750 €
e)	2130 €	+ 12 %	112 %	2385,60 €
f)	720 €	– 8 %	92 %	662,40 €
g)	1280 €	– 23 %	77 %	985,60 €
h)	512 €	+ 19 %	119 %	609,28 €

4 Kreuze an was gesucht ist. Löse anschließend.

a) Herr Max nimmt einen Kredit über 5 390 € auf und zahlt 8 % Zinsen pro Jahr. ◯ K ⊗ Z ◯ p

b) Frau Duden legt 2 200 € fest an und erhält nach einem Jahr 46,20 € Zinsen. ◯ K ◯ Z ⊗ p

c) Kerstens Opa erhält nach einem Jahr 64,50 € Zinsen bei einem Zinssatz von 1,95 %. ⊗ K ◯ Z ◯ p

a) $Z = \frac{K \cdot p}{100} = \frac{5390 \cdot 8}{100} = 431{,}20$

b) $p\% = \frac{Z \cdot 100}{K} = \frac{46{,}20 \cdot 100}{2200} = 2{,}1$

c) $K = \frac{Z \cdot 100}{p} = \frac{64{,}50 \cdot 100}{1{,}95} = 3307{,}69$

5 Lena hat 500 € auf ihrem Konto. Sie bekommt dafür im Jahr 12,50 € Zinsen.
Welche Werte sind gegeben? Welcher Wert wird gesucht?

gegeben: K = 500 €, Z = 12,50 € gesucht: p = ?

6 Familie Pranke nimmt einen Kredit über 5 000 € auf und zahlt dafür 250 € Zinsen.

a) Berechne, wie hoch der Zinssatz ist, den Familie Pranke für ihren Kredit bezahlen muss.

	Betrag in €	Prozent-satz p %	
	5000	100	
: 5000	1	$\frac{100}{5000}$	: 5000
· 250	250	5	· 250

b) Formuliere die passenden Sätze im Dreisatz.

5000 € sind 100 %.
1 € sind 0,02 %.
250 € sind 5 %.

Antwort: Der Kredit von Familie Pranke hat einen Zinssatz von 5 %.

Formel zur Berechnung des Zinssatzes p %:	Formel zur Berechnung der Zinsen Z:	Formel zur Berechnung des Kapitals K:
$p\% = \frac{Z}{K}$	$Z = K \cdot p\%$	$K = \frac{Z}{p\%}$

7 Berechne mit der jeweils passenden Formel.

a) 28 € von 560 €

gegeben: $Z = 28$ €

$K = 560$ €

gesucht: $p\% = ?$

$p\% = \frac{Z}{K} = \frac{28€}{560€} = 5\%$

b) 2 % auf 200 €

gegeben: $K = 200$ €

$p\% = 2\%$

gesucht: $Z = ?$

$Z = K \cdot p\% = 200€ \cdot 2\% = 4€$

c) 3 % sind 240 €.

gegeben: $Z = 240$ €

$p\% = 3\%$

gesucht: $K = ?$

$K = \frac{Z}{p\%} = \frac{240€}{3\%} = 8000€$

d) Denke dir zwei eigene Aufgaben aus und berechne sie mit der passenden Formel.

individuelle Lösung

gegeben:

gesucht:

individuelle Lösung

gegeben:

gesucht:

Jahres- und Monatszinsen

Unsere Bank bietet 3 % Zinsen, wenn ich dort Geld für 1 Jahr anlege. Was ist, wenn ich es nur für halbes Jahr anlegen möchte?

Dann bekommst du auch nur die Hälfte der Zinsen. Die Zinsen werden dann umgerechnet auf den Teil des Jahres, in dem du der Bank das Geld gibst.

Das ist aber schwer auszurechnen, die Monate sind ja unterschiedlich lang!

Nein. Die Banken machen es sich einfacher.

Ein Bankjahr hat immer 360 Tage und ein Bankmonat dauert immer genau 30 Tage. Deshalb zahlt man pro Monat ein Zwölftel der Jahreszinsen.

1 Berechne erst die Jahreszinsen, dann die Zinsen für die angegebenen Monate.

a) Kapital: 4000 €; Zinssatz: 3 %; Zinsen für 7 Monate = ?

Jahreszinsen:

Zinssatz (in %)	Jahreszinsen (in €)
100	4000
1	$\frac{4000}{100} = 40$
3	$3 \cdot 40 = 120$

Monatszinsen:

Monate	Monatszinsen (in €)
12	120
1	$\frac{120}{12} = 10$
7	$7 \cdot 10 = 70$

Die Zinsen betragen für ein Jahr 120 €, für 7 Monate 70 €.

b) Kapital: 3000 €; Zinssatz: 6 %; Zinsen für 10 Monate = ?

Jahreszinsen:

Zinssatz (in %)	Jahreszinsen (in €)
100	3000
1	$\frac{3000}{100} = 30$
6	$6 \cdot 30 = 180$

Monatszinsen:

Monate	Monatszinsen (in €)
12	180
1	$\frac{180}{12} = 15$
10	$10 \cdot 15 = 150$

Die Zinsen betragen für ein Jahr 180 €, für 10 Monate 150 €.

2 Herr Müller hat 6000 € für zwei Monate bei seiner Sparkasse angelegt. Die Jahreszinsen sind 120 €. Wie viel bekommt er an Zinsen?

Anteil
$2 : 12 = \frac{1}{6}$

Antwort
Er bekommt
$120 : 6 = 20$ €.

Prismen erkennen und zeichnen

1

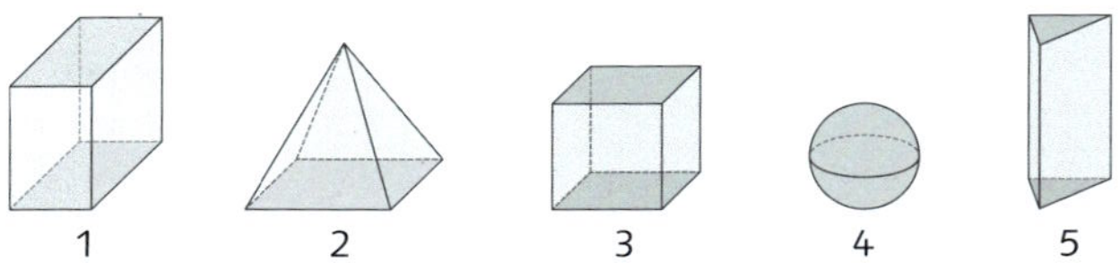

Du siehst in der Abbildung fünf Körper.

Vier davon kennst du wahrscheinlich aus dem Unterricht oder dem Alltag.
Den fünften Körper kennst du vielleicht auch schon.
Wenn nicht, wirst du ihn auf den nächsten Seiten kennenlernen.

Wie heißen die Körper?

1 *Quader* 2 Pyramide 3 Würfel 4 Kugel 5 Prisma

Bei einem Prisma sind **Grundfläche** und **Deckfläche** genau **gleich**.
Die **Seitenflächen** sind **Rechtecke**, die auf den Seiten von Grund- und Deckfläche senkrecht stehen.
Ein Prisma mit Dreiecken als Grund- und Deckfläche heißt auch **Dreiecksprisma**.

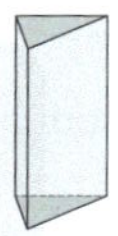

Man sagt übrigens nicht „Prismas", wenn man mehr als eins hat, sondern „Prismen".

2 Ergänze den Lückentext.
Streiche alle Worte durch, die du schon eingesetzt hast.

~~Dreiecksprisma~~ ~~Seitenflächen~~ ~~Würfel~~ ~~Quader~~ ~~Rechteck~~ ~~Grundfläche~~

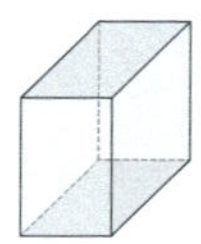

Ein Prisma hat immer zwei Seiten, die genau gleich aussehen: *Grundfläche* und Deckfläche.

Wenn das zwei Dreiecke sind, nennt man das Prisma ein Dreiecksprisma .

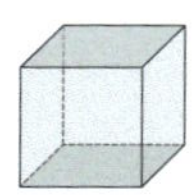

Eine andere Art von Prisma kennst du auch schon: Stell dir vor, du nimmst ein Rechteck als Grundfläche. So ein „Vierecksprisma" ist einfach ein Quader : Alle Flächen (Grundfläche, Deckfläche und Seitenflächen) sind Rechtecke und es gibt überall nur rechte Winkel.

Weil ein Quadrat auch ein Rechteck ist, ist ein Würfel auch ein Quader und damit auch ein Vierecksprisma.

3 Wahr oder falsch? Kreuze an.

Aussage	wahr	falsch
Auf der Oberfläche eines Dreiecksprismas gibt es genau 2 Dreiecke.	X	
Ein Dreiecksprisma hat 6 Ecken, oben 3 und unten 3.	X	
Ein Würfel ist auch ein Dreiecksprisma.		X
Ein Quader ist auch ein Vierecksprisma.	X	
Ein Dreiecksprisma hat nur Dreiecke als Seitenflächen.		X
Ein Dreiecksprisma hat 30 Kanten.		X
Es gibt Schokoladenpackungen in Form von Dreiecksprismen.	X	

Mit einem Schrägbild kannst du einen Körper wie einen Quader oder ein Dreiecksprisma auf einem Blatt Papier sauber zeichnen.

So gehst du vor:

- Du zeichnest die Vorderseite des Körpers wie gewohnt.
- Dann zeichnest du alle Linien, die „nach hinten" zeigen, in halber Länge und in einem Winkel von 45°.
- Zum Schluss zeichnest du die Rückseite wieder in den richtigen Längen und Winkeln.
- Tipp: Zeichne alle Linien, die du nicht sehen kannst, gestrichelt.

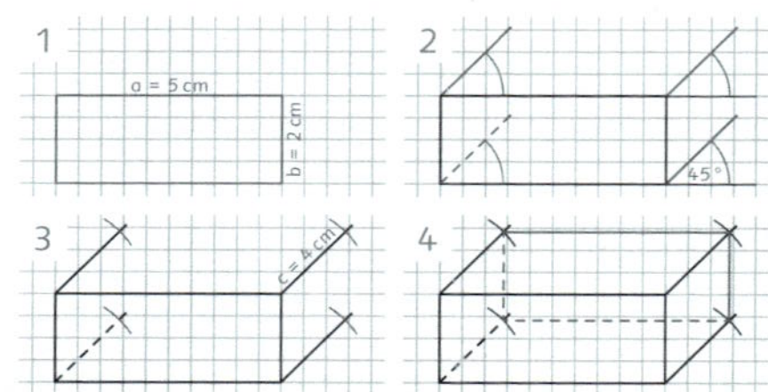

Seitenlängen:
a = 5 cm
b = 2 cm
c = 4 cm (als 2 cm gezeichnet!)

4 Zeichne Schrägbilder von Quadern mit den angegebenen Kantenlängen.

a) a = 45 mm, b = 20 mm, c = 40 mm b) a = 55 mm, b = 30 mm, c = 50 mm

c) a = 30 mm, b = 35 mm, c = 45 mm d) a = 40 mm, b = 40 mm, c = 40 mm

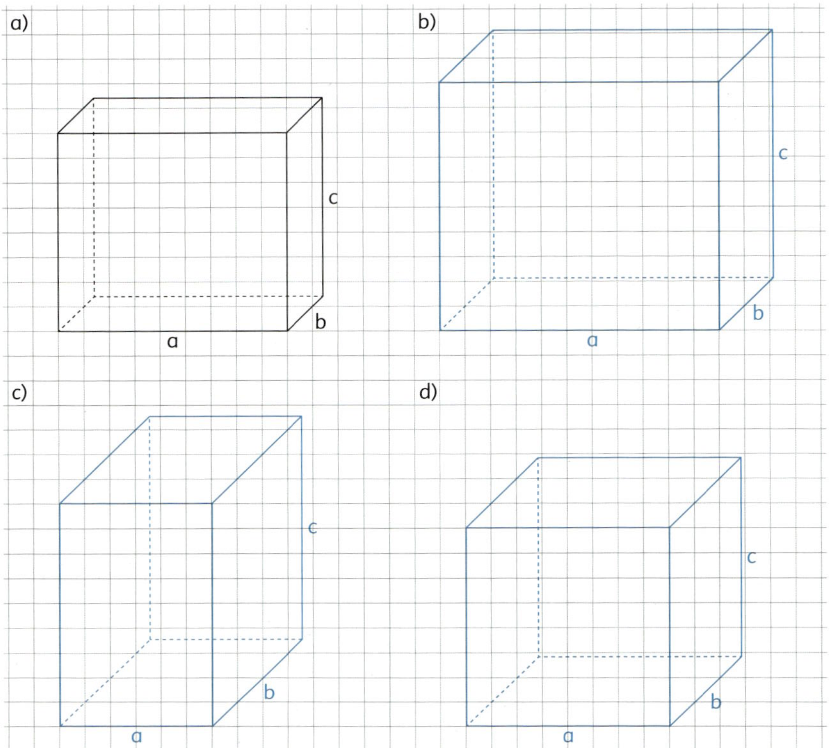

5 Vervollständige das Schrägbild des Dreiecksprimas.
Miss die Längen und notiere sie in deiner Zeichnung.

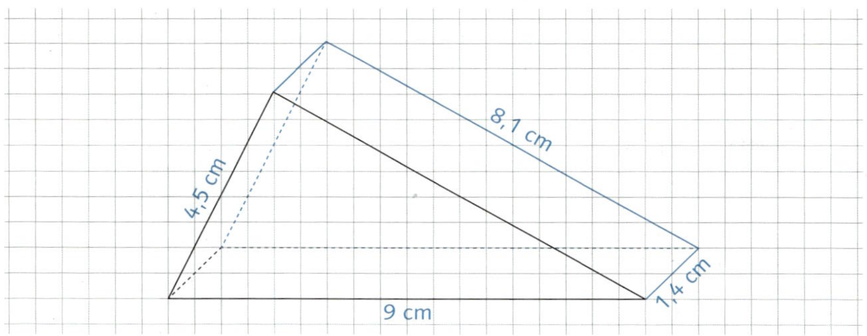

Netze von Prismen

Das Körpernetz eines Würfels

Schneidet man einen Körper entlang seiner Kanten auf, so entsteht ein Körpernetz. Das Körpernetz darf dabei nicht in mehrere Teile zerfallen.

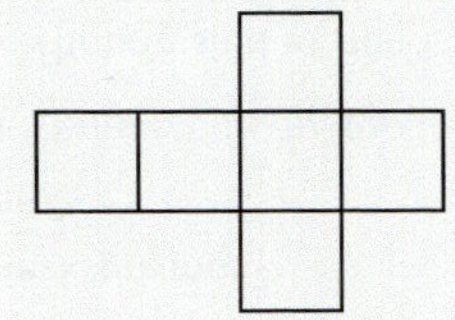

1 Würfelnetz – ja oder nein?

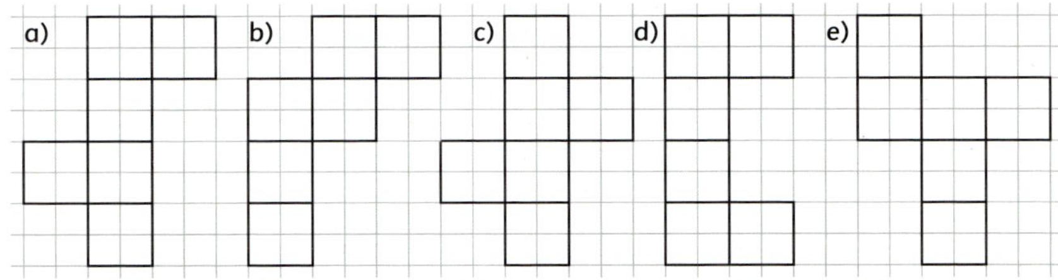

a) ☒ ja ○ nein b) ○ ja ☒ nein c) ☒ ja ○ nein d) ○ ja ☒ nein e) ☒ ja ○ nein

Das Körpernetz eines Quaders

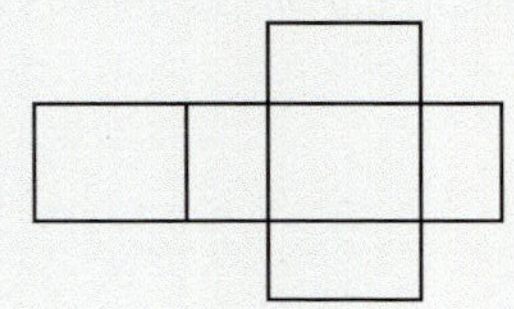

2 Welche Flächen des Quaders liegen sich gegenüber?
Male sie in der gleichen Farbe an.

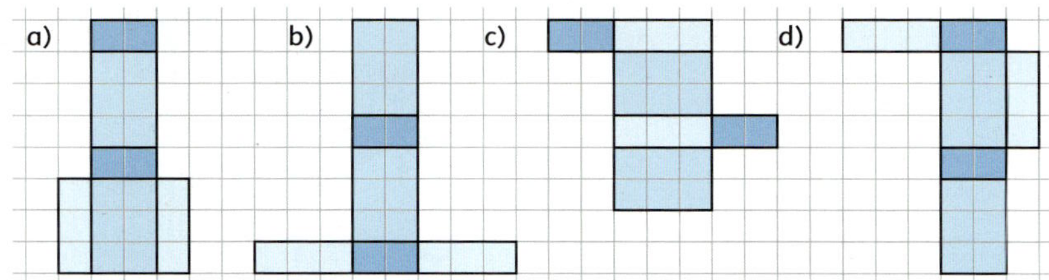

Den Abstand zwischen der Grundfläche und der Deckfläche eines Prisma nennt man die **Körperhöhe** des Prismas.

3 Das Bild zeigt das Netz eines Prismas. Fülle die Lücken im Text.

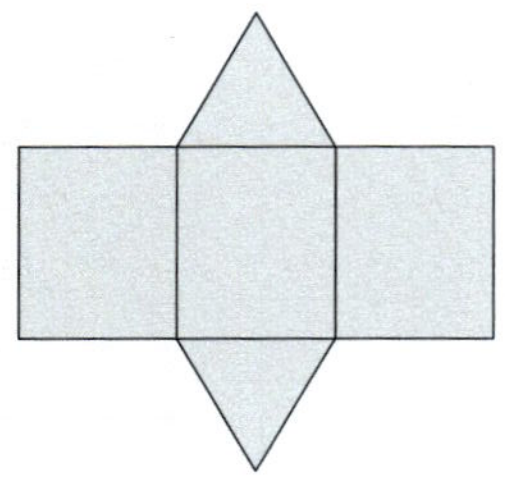

Das Prisma ist ein *Dreiecksprisma*.
Sein Netz setzt sich aus zwei Arten von Teilflächen zusammen: *zwei gleichseitigen Dreiecken* und drei Rechtecken. Zwischen den beiden Arten von Teilflächen besteht die folgende Beziehung:

Die kurzen Seiten der Rechtecke sind gleich den Seiten der Dreiecke, die langen Seiten sind gleich der Körperhöhe des Prismas.

4 Gegeben ist eine Schrägbildskizze eines Prismas mit Maßangaben.
Zeichne ein Netz dieses Prismas. Beschrifte die Seiten.

Skizze:

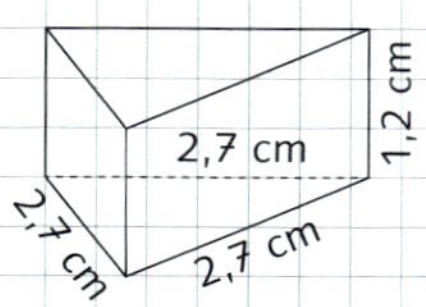

zum Beispiel:

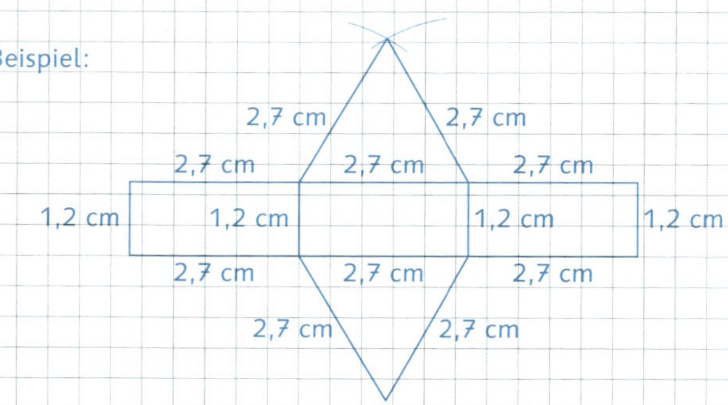

5 Gegeben ist das folgende Netz:

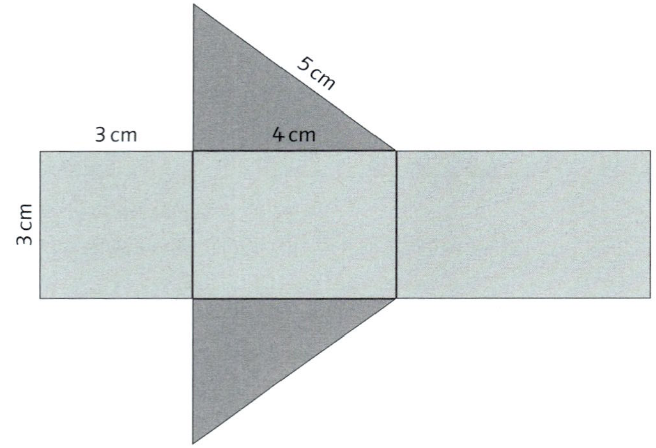

a) Um was für einen Körper handelt es sich? *Es handelt sich um* ein Dreiecksprisma.

b) Zeichne ein Schrägbild dieses Körpers.
Eine der Dreiecksflächen soll „vorne" sein, also in der Papierebene liegen.

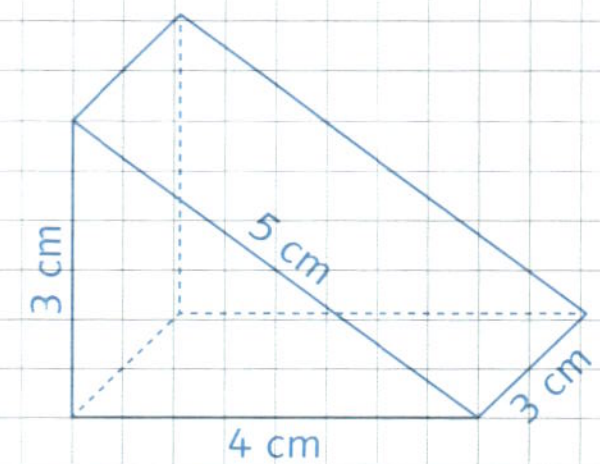

c) Wo befindet sich die Körperhöhe des Dreiecksprismas?
Welche Länge hat die Höhe in Wirklichkeit?

Die Körperhöhe zeigt in diesem Fall nach „hinten", in die Papierebene hinein.
Sie ist in Wirklichkeit 3 cm lang. In der Zeichnung sind es nur 1,5 cm.

Die Körperhöhe eines Prismas muss nicht immer nach oben zeigen.
Wenn man es „umkippt", zeigt die Grundfläche nach vorne und die Deckfläche nach hinten.
Dann zeigt die Körperhöhe in die Papierebene hinein.
Aber egal wie das Prisma steht oder liegt – die Körperhöhe verbindet immer Grund- und Deckfläche.

Oberflächeninhalt berechnen

Der Oberflächeninhalt eines Körpers ist die Summe von allen Seitenflächen.

– Bei einem Würfel mit **Kantenlänge a** sind alle 6 Seiten gleich große **Quadrate** mit der Fläche a^2. Der **Oberflächeninhalt eines Würfels** ist $6a^2$.

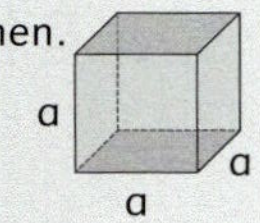

– Bei einem Quader mit den **Kantenlängen a, b und c** sind die 6 Seiten **Rechtecke**. Dabei sind immer 2 Rechtecke gleich groß, ihre Flächeninhalte sind a · b, a · b, a · c, a · c, b · c und b · c.
Ein **Quader** hat den **Oberflächeninhalt**
2 · (a · b + a · c + b · c).

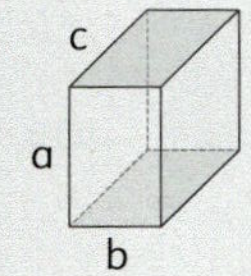

– Ein Dreiecksprisma mit der **Körperhöhe h** besteht aus **2 gleichen Dreiecken** mit den Seitenlängen a, b und c und **3 Rechtecken**.
Eine Seitenlänge dieser Rechtecke ist immer die Körperhöhe des Prismas, die andere ist eine Dreiecksseite. Wenn die Fläche der Dreiecke jeweils gleich A_Δ ist, hat das **Dreiecksprisma** deshalb den **Oberflächeninhalt**
$\mathbf{2A_\Delta + h \cdot a + h \cdot b + h \cdot c} = 2A_\Delta + h \cdot (a + b + c)$.

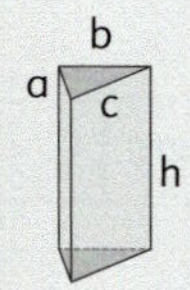

1 Wahr oder falsch? Kreuze an.

Aussage	wahr	falsch
Die Oberfläche eines Würfels besteht aus 6 Quadraten.	⊗	○
Die Oberfläche eines Quaders besteht aus 6 Rechtecken.	⊗	○
Die Oberfläche eines Dreiecksprismas besteht aus 6 Dreiecken.	○	⊗
Ein Dreiecksprisma hat nur Dreiecke als Seitenflächen.	○	⊗
Die Oberfläche eines Dreiecksprismas enthält 3 Rechtecke.	⊗	○
Wenn ich den Oberflächeninhalt des Dreiecksprismas ausrechne, multipliziere ich die Fläche des Dreiecks mit 3.	○	⊗
Die Körperhöhe eines Dreiecksprismas zeigt immer nach oben, egal ob ich es aufstelle oder hinlege.	○	⊗

Die **Seitenflächen** von einem Prisma umhüllen das Innere des Prismas wie ein Mantel: oben schaut der Kopf (die Deckfläche) heraus, unten die Füße (die Grundfläche).
Deshalb nennt man diese Fläche auch die **Mantelfläche**.
Bei einem Dreiecksprisma hat die Mantelfläche den Flächeninhalt h · (a + b + c).
Das ist das Produkt aus der **Körperhöhe h** des Prismas und dem **Umfang u = a + b + c** der dreieckigen Grund- und Deckfläche.

Flächeninhalt eines Dreiecks

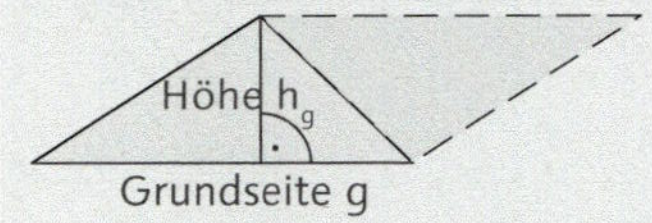

$\text{Flächeninhalt}_\Delta = \text{Grundseite} \cdot \text{Höhe}_g : 2$

$A_\Delta = g \cdot h_g : 2$

Das Halbieren darf ich nicht vergessen!

2 Zeichne in die Dreiecke die Grundseite g in Blau und die zugehörige Höhe h_g in Rot ein. Berechne anschließend den Flächeninhalt.

a)

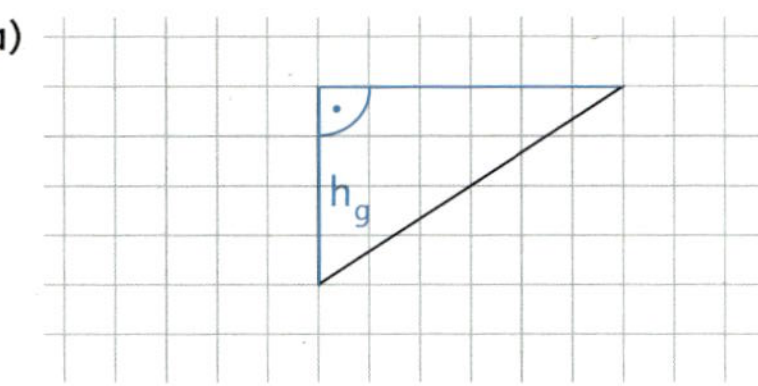

$g = 3$ cm, $h_g = 2$ cm

$A_\Delta = 3\text{ cm} \cdot 2\text{ cm} : 2$

$A_\Delta = 3\text{ cm}^2$

b)

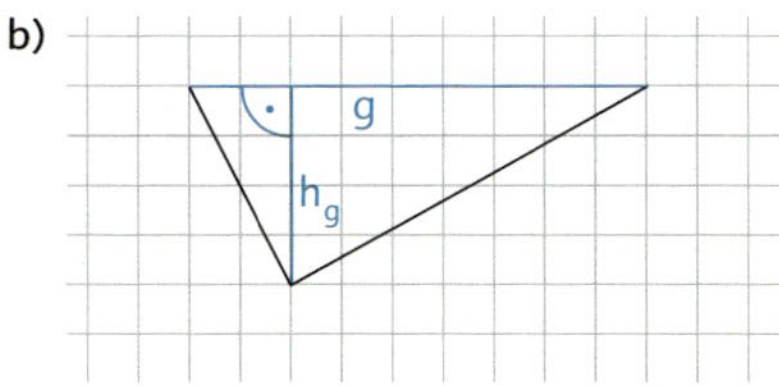

$g = 4{,}5$ cm $h_g = 2$ cm

$A_\Delta = 4{,}5\text{ cm} \cdot 2\text{ cm} : 2$

$A_\Delta = 4{,}5\text{ cm}^2$

3 Gegeben sind Dreiecksprismen mit den folgenden Werten für die Seitenlängen der dreieckigen Grundfläche und der Körperhöhe h_K.
Alle Dreiecke sollen rechtwinklig mit γ = 90° sein, in diesem Fall ist immer die Dreiecksseite b die Dreieckshöhe über a und umgekehrt: $a = h_b$ und $b = h_a$.
Wie groß ist der Oberflächeninhalt dieser Körper?
Berechne mit der Formel, die du jetzt kennst!

a	$b = h_a$	c	$A_\Delta = a \cdot h_a : 2$	h_K	$u_\Delta = a + b + c$	$M = h_K \cdot u_\Delta$	Oberfläche $A = 2 \cdot A_\Delta + M$
3 cm	4 cm	5 cm	$\frac{3\text{ cm} \cdot 4\text{ cm}}{2} = 6\text{ cm}^2$	5 cm	12 cm	60 cm²	72 cm²
2,5 cm	6 cm	6,5 cm	$\frac{2{,}5\text{ cm} \cdot 6\text{ cm}}{2} = 7{,}5\text{ cm}^2$	2 cm	15 cm	30 cm²	45 cm²
2 cm	1,5 cm	2,5 cm	$\frac{2\text{ cm} \cdot 1{,}5\text{ cm}}{2} = 1{,}5\text{ cm}^2$	3,5 cm	6 cm	21 cm²	24 cm²
12 cm	16 cm	20 cm	$\frac{12\text{ cm} \cdot 16\text{ cm}}{2} = 96\text{ cm}^2$	10 cm	48 cm	480 cm²	672 cm²

4 In der Zeichnung siehst du das Schrägbild eines Prismas.

a) Berechne Mantel- und Grundfläche.

b) Berechne die Oberfläche A.

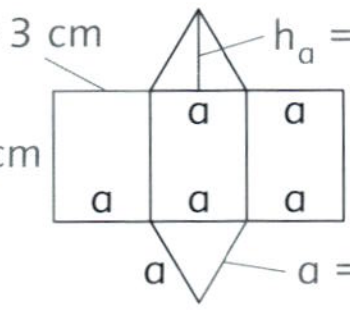

a) *gesucht:* $M = ?$
Formel: $M = 3 \cdot a \cdot b$
Rechnung: $M = 3 \cdot 3\ cm \cdot 4,2\ cm$
$M = 37,8\ cm^2$
$G = ?$
$G = a \cdot h_a : 2$
$G = 3\ cm \cdot 2,6\ cm : 2$
$G = 3,9\ cm^2$
Antwort: Die Mantelfläche beträgt 37,8 cm², die Grundfläche 3,9 cm².

b) *gesucht:* $A = ?$
Formel: $A = 2 \cdot G + M$
Rechnung: $A = 7,8\ cm^2 + 37,8\ cm^2$
$A = 45,6\ cm^2$
Antwort: Die gesamte Oberfläche des Prismas beträgt 45,6 cm².

5 a) Vervollständige und beschrifte das Netz des abgebildeten Prismas mit den Maßen:
a = 2,5 cm, b = 1,5 cm,
c = 2 cm, h = 1 cm

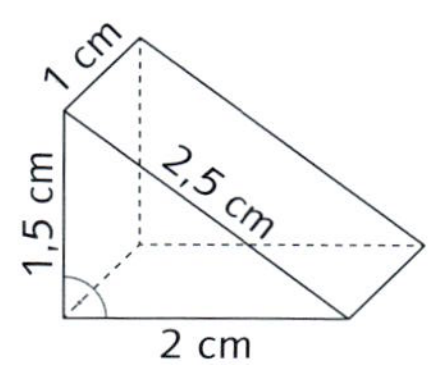

b) Färbe im Körpernetz die Grundfläche und die Mantelfläche farbig ein.

c) Berechne die Oberfläche mit der Formel.

Netz:

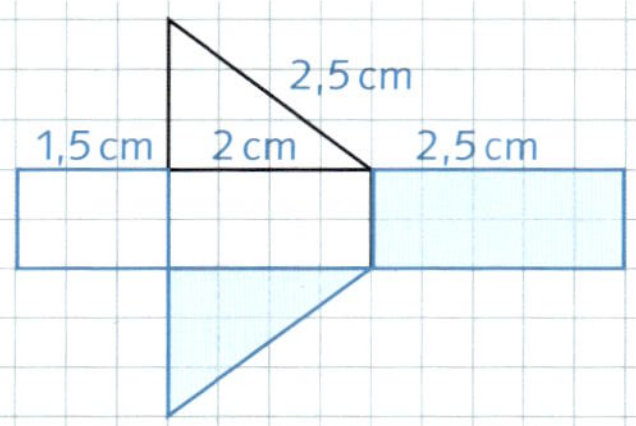

Formel: $A = 2 \cdot G + M$

Rechnung: $A = 2 \cdot 1,5\ cm^2 + 6\ cm^2$

$A = 9\ cm^2$

$G = \frac{g \cdot h_g}{2}$

$G = \frac{2\ cm \cdot 1,5\ cm}{2}$

$G = 1,5\ cm^2$
$M = 6\ cm \cdot 1\ cm$
$M = 6\ cm^2$

Volumen berechnen

Das Volumen eines Prismas wird berechnet, indem der Flächeninhalt der Grundfläche G mit der Körperhöhe h_K multipliziert wird.
Volumen = Grundfläche · Körperhöhe
$V = G \cdot h_K$

Aha, diese Formel funktioniert auch für Würfel und Quader:
Der Flächeninhalt eines Quadrats mit Seitenlänge a ist a^2,
und die Körperhöhe ist auch gleich a. Also ist das Volumen
$a^2 \cdot a = a^3$ – stimmt!
Bei einem Quader hat eine Seite den Flächeninhalt $a \cdot b$.
Die Körperhöhe ist dann einfach die dritte Seite c.
Dann ist das Volumen also $a \cdot b \cdot c$ – das passt auch!

1 Ein Würfel hat eine Kantenlänge von 2 cm.

a) Ergänze die Maße an der Zeichnung.

b) Berechne dann das Volumen.

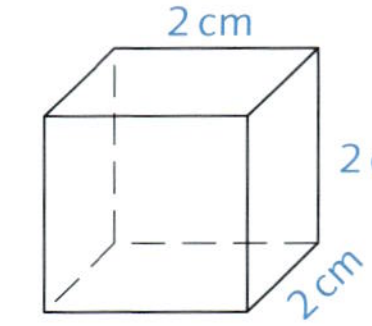

$V_W = a \cdot a \cdot a$

$V_W = 2\ cm \cdot 2\ cm \cdot 2\ cm$

$V_W = 8\ cm^3$

2 Ein Quader hat die Kantenlängen a = 1 cm, b = 2 cm und c = 4 cm.

a) Ergänze die Maße an der Zeichnung.

b) Berechne dann das Volumen.

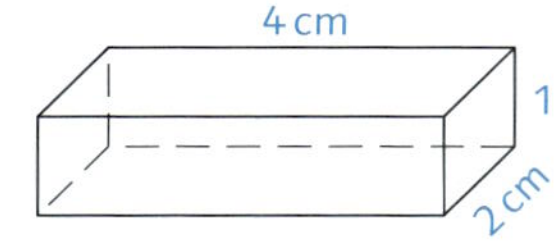

$V_Q = a \cdot b \cdot c$

$V_Q = 1\ cm \cdot 2\ cm \cdot 4\ cm$

$V_Q = 8\ cm^3$

3 Schreibe die Formeln für die Oberfläche und für das Volumen von Prismen auf.

Oberfläche: $A = 2 \cdot G + M$

Volumen: $V = G \cdot h_K$

4 Bestimme jeweils die Körperhöhe und die Grundfläche der Prismen. Begründe.

a)

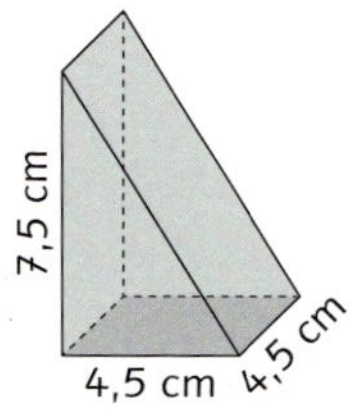

b)

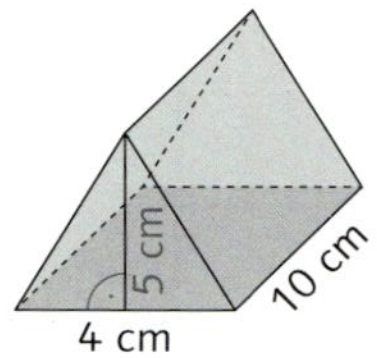

c)

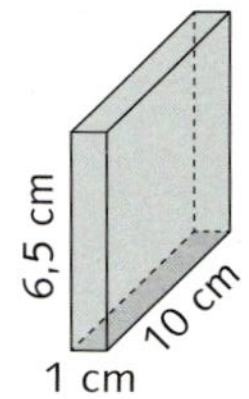

Grundflächen und Höhen:

a) *Grundfläche ist ein rechtwinkliges Dreieck:* $G = \frac{4,5 \cdot 7,5}{2}\ cm^2 = 16,875\ cm^2$;

die Körperhöhe beträgt 4,5 cm.

b) Grundfläche ist ein gleichschenkliges Dreieck: $G = \frac{4 \cdot 5}{2}\ cm^2 = 10\ cm^2$;

die Körperhöhe beträgt 10 cm.

c) Grundfläche ist ein Rechteck: z. B. $G = (1 \cdot 10)\ cm^2$; die Körperhöhe ist 6,5 cm.

Begründung:

Die Grundfläche liegt immer gegenüber der Deckfläche und beide müssen gleich groß sein.

Die Kante, die sie voneinander trennt, ist die Körperhöhe des Prismas.

5 Berechne das Volumen der Prismen.
Benutze die Formel aus Aufgabe **3**.

a)

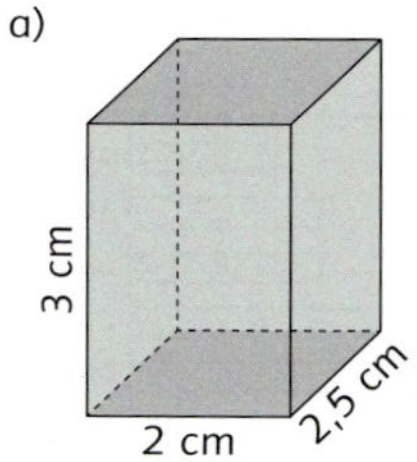

b)

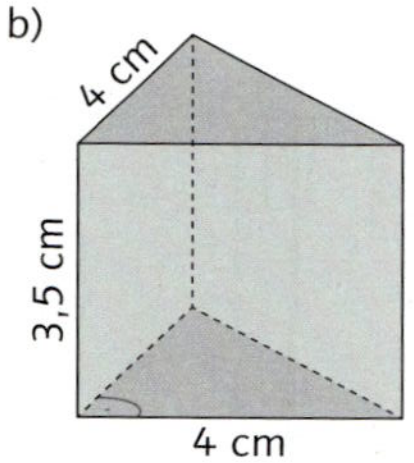

a) $V = G \cdot h_K$

$V = 2 \cdot 2,5 \cdot 3\ cm^3$

$V = 15\ cm^3$

b) $V = G \cdot h_K$

$V = \frac{4 \cdot 4}{2} \cdot 3,5\ cm^3$

$V = 28\ cm^3$

6 Miss zuerst und beschrifte das Prisma.

Kennzeichne die Grundfläche, die Dreiecksgrundseite und die Dreieckshöhe h_D sowie die Körperhöhe h_K farbig.

Berechne dann das Volumen des Prismas. Beachte, dass alle Linien, die im Schrägbild „nach hinten" gehen, um die Hälfte verkürzt gezeichnet sind.

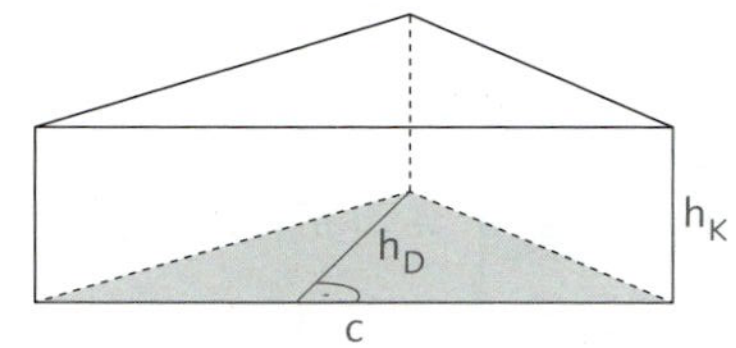

gegeben: $c = 6,5\ cm$
$h_D = 2\ cm$
$h_K = 2,5\ cm$

gesucht: $V = ?$

Formel: $V = G \cdot h_K$ $G = \frac{c \cdot h_D}{2}$

Rechnung: $G = \frac{6,5\ cm \cdot 2\ cm}{2}$

$G = 6,5\ cm^2$

$V = 6,5\ cm^2 \cdot 2,5\ cm$

$V = 16,25\ cm^3$

7 Miss zuerst alle Seitenlängen und kennzeichne die jeweilige Grundfläche und die Körperhöhe farbig. Berechne danach das Volumen der Prismen. Beachte, dass nach hinten verlaufende Linien im Schrägbild um die Hälfte verkürzt dargestellt sind.

a)

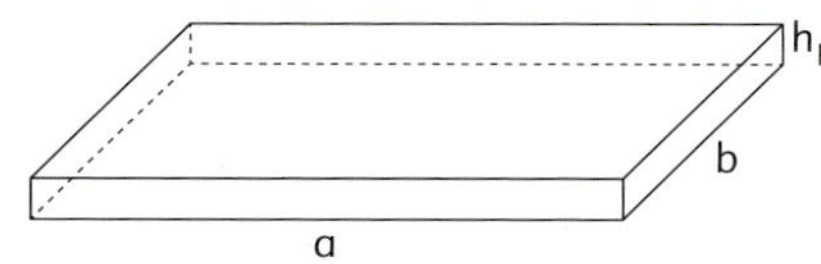

b)

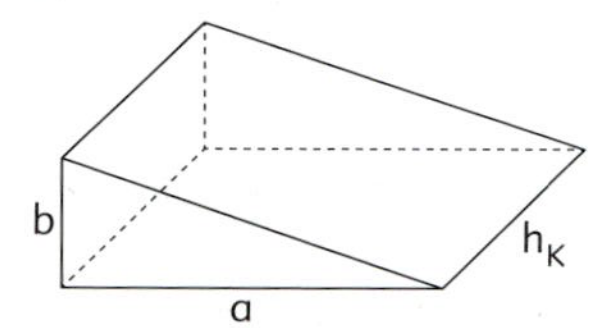

a) *gegeben:* $a = 5\ cm$
$b = 5\ cm$
$h_K = 0,5\ cm$
gesucht: $V = ?$
Formel: $V = G \cdot h_K$
$V = a \cdot b \cdot h_K$
Rechnung: $V = 5 \cdot 5 \cdot 0,5\ cm^3$
$V = 12,5\ cm^3$

b) *gegeben:* $a = 3\ cm$
$b = 1,2\ cm$
$h_K = 4\ cm$
gesucht: $V = ?$
Formel: $V = G \cdot h_K$
$V = a \cdot b : 2 \cdot h_K$
Rechnung:
$V = 3 \cdot 1,2 : 2 \cdot 4\ cm^3$
$V = 7,2\ cm^3$

Daten darstellen

1 a) Ordne die Begriffe richtig zu.

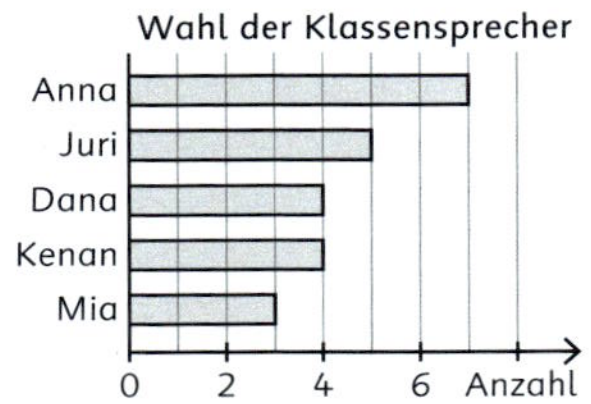

Balkendiagramm

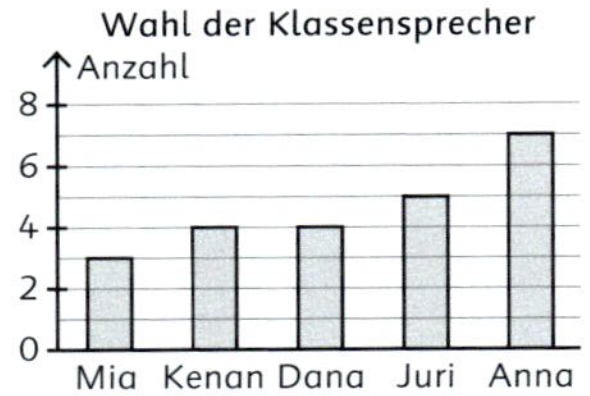

Säulendiagramm

Säulendiagramm

Balkendiagramm

b) Stellen beide Diagramme dieselben Daten dar?
Begründe deine Antwort.

Ja, beide Diagramme zeigen dieselben Daten. Für jede Schülerin und jeden Schüler zeigen die Balken und Säulen in den Diagrammen jeweils die gleiche Zahl an.

2 Die Klasse 8c hat ihre zwei Klassensprecher gewählt. Lies aus dem Diagramm die Antworten auf die folgenden Fragen ab.

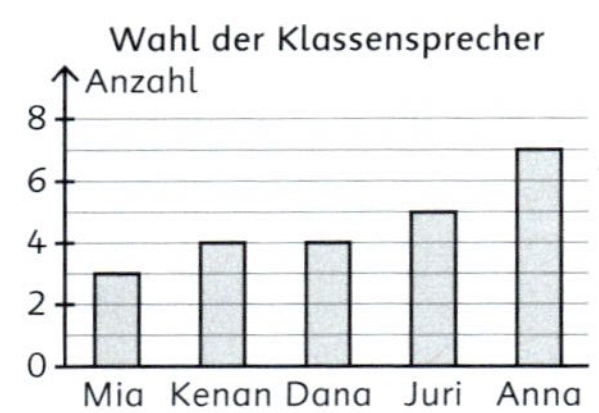

a) Wer hat bei der Klassensprecherwahl die meisten Stimmen bekommen? *Anna*

b) Wer hat gleich viele Stimmen bekommen?
Kenan und Dana

c) Wer hat die wenigsten Stimmen bekommen? Mia

d) Wer sind die beiden neuen Klassensprecher? Anna und Juri

3 Mit dem Flugzeug durch die Welt – Flugentfernungen ab Frankfurt am Main.

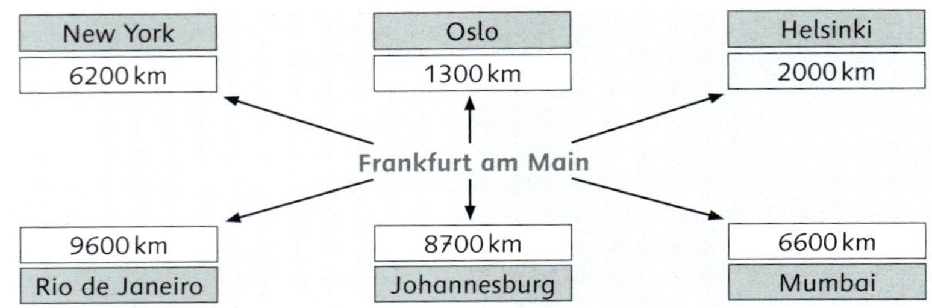

a) Notiere die Flugentfernungen in einer Tabelle.

Strecke	Entfernung
Frankfurt am Main – New York	*6200 km*
Frankfurt am Main – Oslo	1300 km
Frankfurt am Main – Helsinki	2000 km
Frankfurt am Main – Rio de Janeiro	9600 km
Frankfurt am Main – Johannesburg	8700 km
Frankfurt am Main – Mumbai	6600 km

b) Erstelle ein Balkendiagramm.
Sortiere die Entfernungen nach der Größe.
Der Balken für die größte Entfernung kommt nach oben.
(Maßstab: 1000 km → 1 cm)

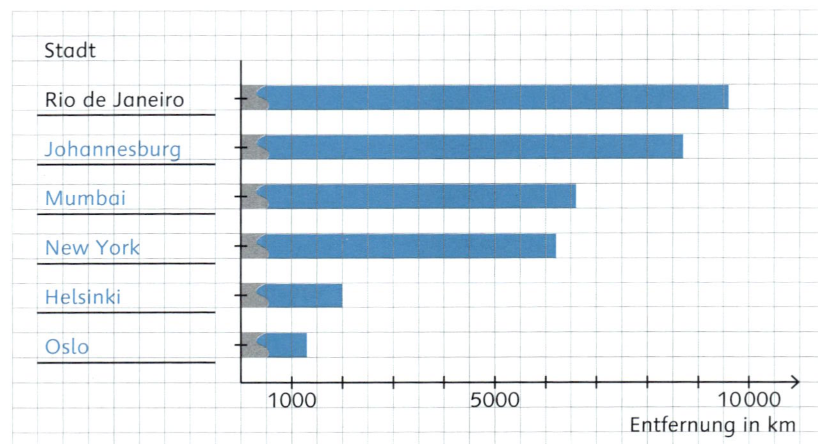

4 Die Kinder haben Informationen über ihre Klasse gesammelt.

a) Wie viele Kinder sind blond, wie viele haben braune Haare, wie viele sind schwarzhaarig und wie viele rothaarig? Trage in die Tabelle ein.

Haarfarbe			
blond	braun	schwarz	rot
III	~~IIII~~ II	II	I
3	7	2	1

b) Zeichne ein **Säulendiagramm** zu den Daten von **a)**.
Achte dabei auch auf eine vollständige Beschriftung.

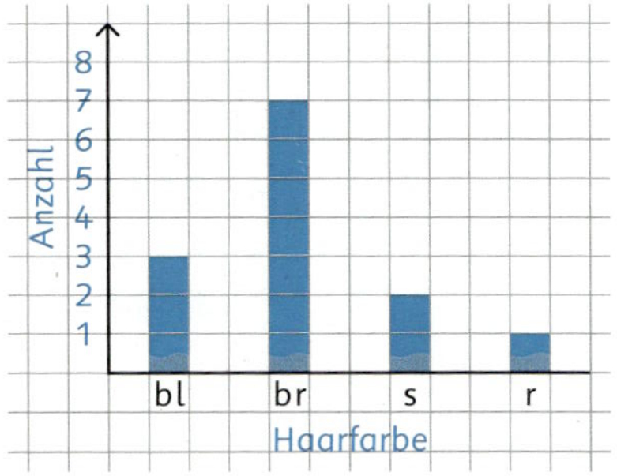

c) Wie viele Kinder sind insgesamt in der Klasse 6b?

13

5 Ina hat ein **Liniendiagramm** gezeichnet.

a) Was zeigt das Diagramm?

Den Verlauf der Temperatur an 5 Tagen im Juli.

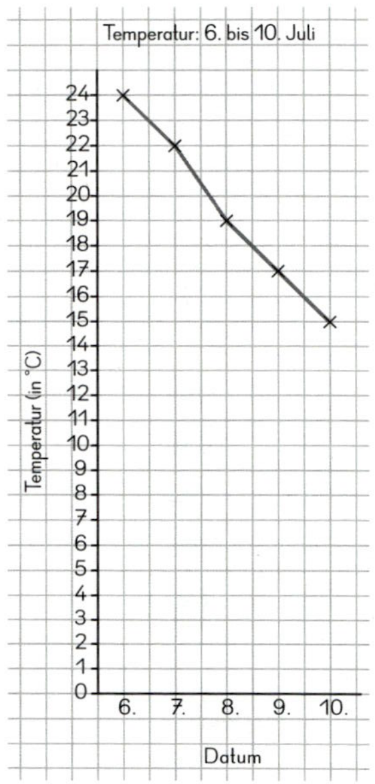

b) Wie warm war es am 6. Juli und am 8. Juli?

6. Juli: 24 °C, 8. Juli: 19 °C

c) Welcher Tag war der wärmste Tag in der Woche, welcher der kälteste?

Der 6. Juli war der wärmste Tag, der 10. Juli war der kälteste.

d) Ist es in dieser Woche wärmer oder kälter geworden? Begründe.

Es ist kälter geworden, weil Linie immer weiter nach unten fällt.

Arten von Diagrammen

So zeichnest du ein Kreisdiagramm:
1. Du erhebst die Daten und schreibst sie in eine Tabelle.
2. Du ermittelst die Gesamtsumme aller Werte.
3. Du bestimmst alle relativen Häufigkeiten.
4. Du rechnest die relativen Häufigkeiten in Anteile von einem Vollkreis um, also von 360°.
5. Du zeichnest einen Kreis. Du teilst den Kreis so in Sektoren auf, dass jeder Mittelpunktswinkel eines Sektors genau einer relativen Häufigkeit entspricht – so wie du es in Punkt 4 ausgerechnet hast.
6. Du beschriftest die Sektoren entweder direkt im Kreis oder am Rand, je nach dem Platz, den du hast.

Schulweg

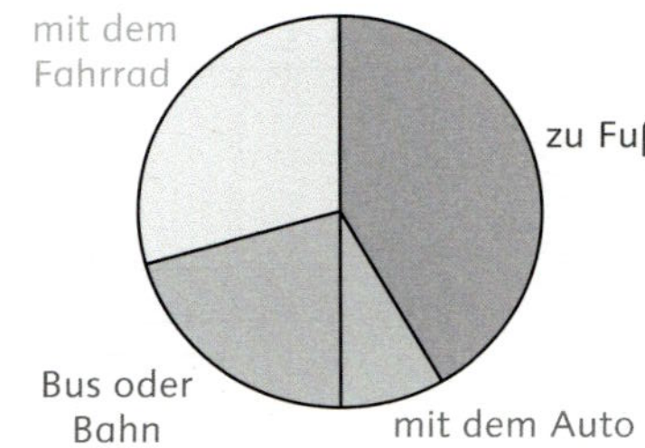

1 Wie kannst du überprüfen, ob du beim Ausrechnen der Mittelpunktswinkel für ein Kreisdiagramm richtig gerechnet hast?

Alle Winkel zusammen müssen 360° ergeben.

Warum ist das so?

Sie stehen jeweils für eine relative Häufigkeit, und alle relativen Häufigkeiten zusammen ergeben immer genau 1.

2 Berechne jeweils für die Daten in der Tabelle die Winkel, mit denen du sie in einem Kreisdiagramm darstellen würdest.

	absolute Häufigkeit	relative Häufigkeit	Winkel
#1	2	*0,10*	*0,10 · 360° = 36°*
#2	3	*0,15*	*0,15 · 360° = 54°*
#3	1	0,05	0,05 · 360° = 18°
#4	7	0,35	0,35 · 360° = 126°
#5	5	0,25	0,25 · 360° = 90°
#6	2	0,01	0,01 · 360° = 36°
Summe	30	1,00	1,00 · 360° = 360°

3 In der Leisetreterstraße leben 20 Kinder und Jugendliche.
Sie machen eine Umfrage, welche Schuhgröße wie häufig vorkommt.
Die Urliste ergibt die Werte 35, 38, 38, 40, 35, 36, 39, 39, 40, 39, 38, 37, 37, 37, 38, 38, 36, 39, 37, 38.

a) Wie viele Werte sind es insgesamt? *Es sind 20 Werte.*

b) Trage die Ergebnisse der Umfrage als Strichliste, als absolute und als relative Häufigkeit (Zahl und Prozent) in die Tabelle ein.

Schuhgröße	**35**	**36**	**37**	**38**	**39**	**40**
Strichliste	II	II	IIII	~~IIII~~ I	IIII	II
absolute Häufigkeit	2	2	4	6	4	2
relative Häufigkeit (Zahl)	0,1	0,1	0,2	0,3	0,2	0,1
relative Häufigkeit (%)	10 %	10 %	20 %	30 %	20 %	10 %

c) Stelle die absoluten Häufigkeiten in einem Säulendiagramm dar.

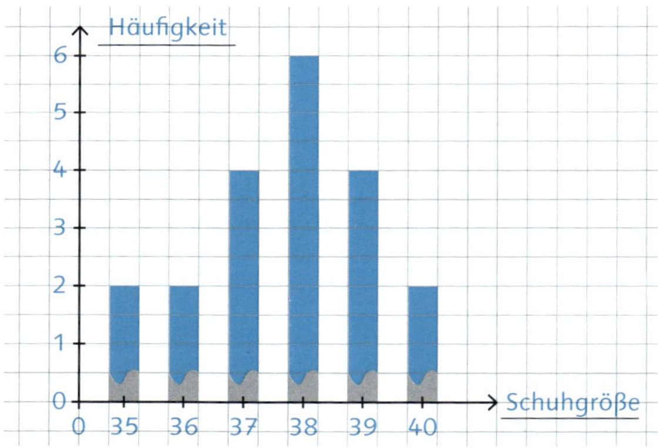

d) Stelle die relativen Häufigkeiten in einem Kreisdiagramm dar.

Dies sind die Winkelgrößen für das Kreisdiagramm:

Schuhgröße 35: 0,1 · 360° = 36°

Schuhgröße 36: 0,1 · 360° = 36°

Schuhgröße 37: 0,2 · 360° = 72°

Schuhgröße 38: 0,3 · 360° = 108°

Schuhgröße 39: 0,2 · 360° = 72°

Schuhgröße 40: 0,1 · 360° = 36°

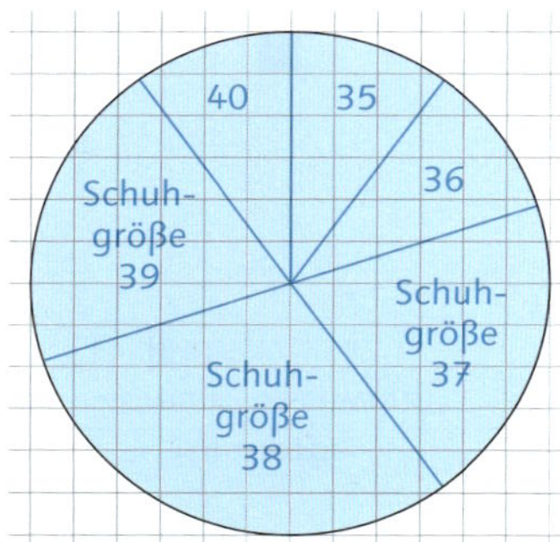

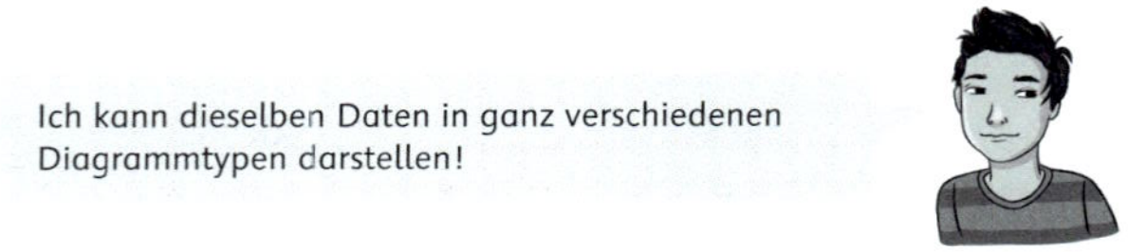

4 Um was für ein Diagramm handelt es sich jeweils?

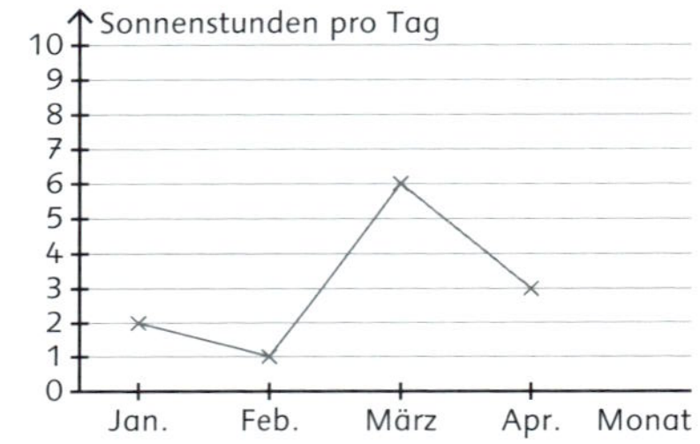

Liniendiagramm

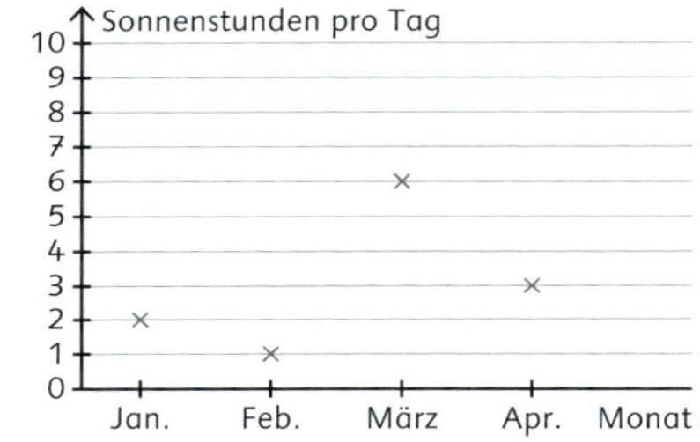

Streudiagramm

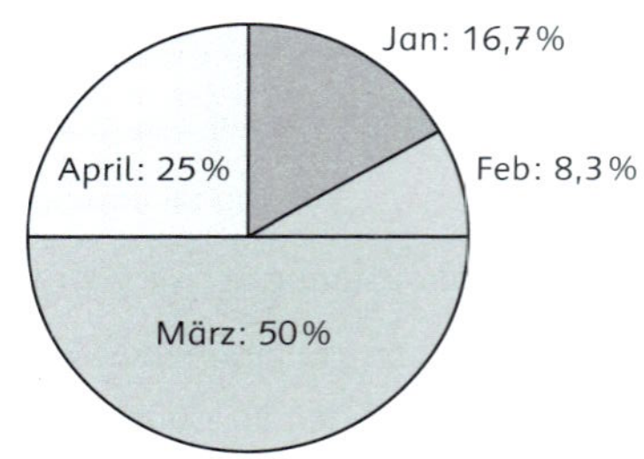

Kreisdiagramm

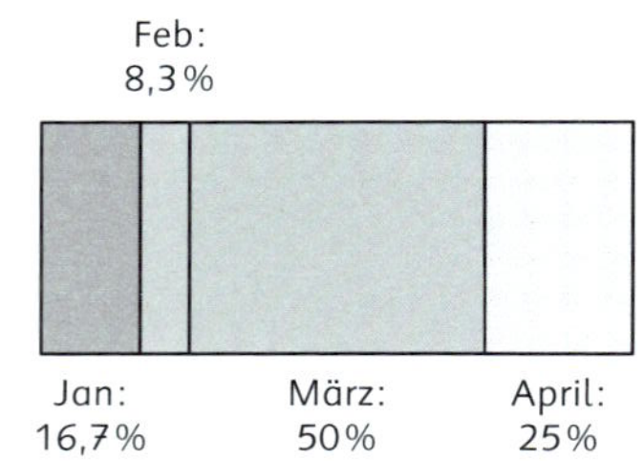

Streifendiagramm

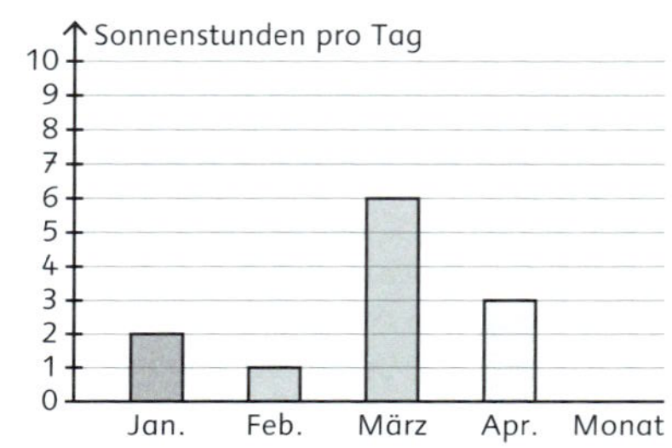

Säulendiagramm

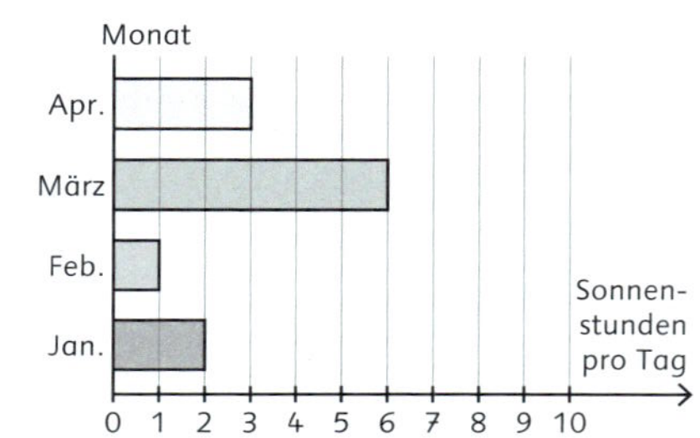

Balkendiagramm

5 Welche Größen werden in Aufgabe **4** a), b), e) und f) dargestellt (oder: „gegeneinander aufgetragen")?

Die (mittlere) Anzahl der Sonnenstunden an einem Tag und der Monat, in dem die Daten erhoben worden.

Daten auswerten

Der größte Wert von einem Datensatz ist das **Maximum**.
Der kleinste Wert des Datensatzes heißt **Minimum**.
Die Differenz zwischen Maximum und Minimum ist die **Spannweite**.
Je kleiner die Spannweite ist, desto dichter liegen die Daten beieinander.

1 Bestimme das Minimum und das Maximum.
Berechne die Spannweite.

a)

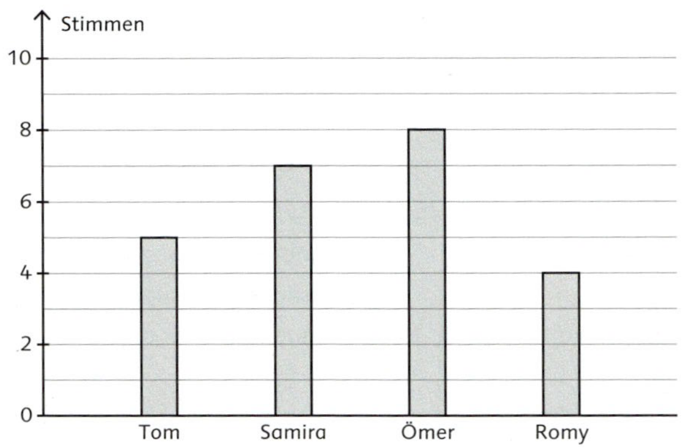

Minimum = 4

Maximum = 8

Spannweite = 4

b)

Tag	Mo	Die	Mi	Do	Fr
Temperatur	11 °C	8 °C	10 °C	9 °C	14 °C

Minimum = 8 °C

Maximum = 14 °C

Spannweite = 6 °C

c)

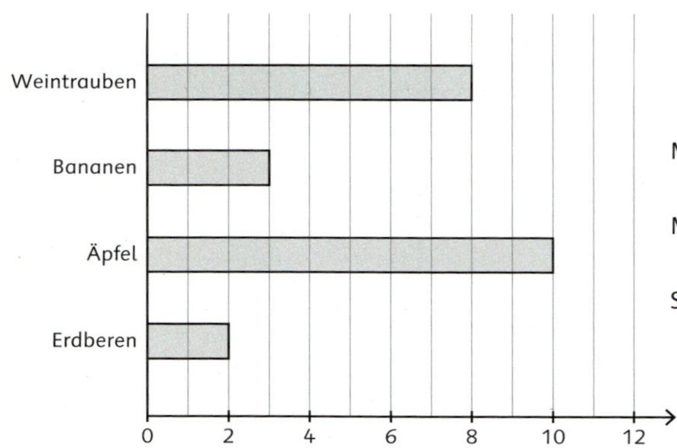

Minimum = 2

Maximum = 10

Spannweite = 8

Der **Median** (Zentralwert) ist der Wert, der genau in der Mitte liegt.

2 Ordne die Zahlen der Größe nach. Kreise dann den Median ein.

a) 7; 5; 9; 10; 2 — 2; 5; (7); 9; 10

b) 1; 8; 11; 10; 4; 6; 9 — 1; 4; 6; (8); 9; 10; 11

c) 13; 7; 12; 3; 5; 1; 4; 8; 6 — 1; 3; 4; 5; (6); 7; 8; 12; 13

Gibt es eine gerade Anzahl von Werten, dann ist der Median von den beiden mittleren Werten gleich weit entfernt. Beispiel: 3; (4; 8;) 11 Median = 6

3 Ordne die Zahlen der Größe nach. Kreise die beiden mittleren Werte ein.
Bestimme dann den Median.

a) 4; 7; 6; 2 — 2; (4; 6); 7 — Median: 5

b) 8; 1; 10; 4; 9; 6 — 1; 4; (6; 8); 9; 10 — Median: 7

c) 3; 8; 2; 1; 9; 12; 4; 10 — 1; 2; 3; (4; 8); 9; 10; 12 — Median: 6

So berechnest du den **Durchschnitt**:
1. Addiere alle Einzelergebnisse.
2. Dividiere die Summe durch die Anzahl der Einzelergebnisse.

4 a) Lena hat bei ihren Würfen diese Ergebnisse erzielt:

Lena	20 m	15 m	16 m

Berechne den Durchschnitt.

20 m + 15 m + 16 m = 51 m
51 m : 3 = 17 m

b) Lisa hat nur zweimal geworfen:

Lisa	29 m	31 m

Berechne den Durchschnitt.

29 m + 31 m = 60 m
60 m : 2 = 30 m

Weil es nur 2 Würfe waren, teile ich durch 2.

Der häufigste Wert in einem Datensatz heißt **Modus** oder **Modalwert**. Der Modalwert muss nicht in der Mitte zwischen Minimum und Maximum liegen, oft befindet er sich aber ungefähr dort.
Es kann auch mehrere verschiedene Modalwerte geben, die gleich häufig vorkommen.

Zwei Namen für denselben Wert? Irgendwie blöd.

Und es kommt noch schlimmer: Der **Durchschnitt** heißt auch **arithmetisches Mittel** und der **Median** auch **Zentralwert**.

5 Verbinde die Bezeichnungen, die jeweils für dieselbe Größe bei einem Datensatz stehen.

Durchschnitt	arithmetisches Mittel
Zentralwert	Modalwert
Modus	Median

(Durchschnitt — arithmetisches Mittel; Zentralwert — Median; Modus — Modalwert)

6 Clara und Pablo würfeln immer mit drei Würfeln gleichzeitig und zählen die Augensummen zusammen.
Die folgenden Zahlen sind aufgetreten:
17; 13; 3; 13; 9; 13; 13; 5; 6; 5; 16; 15; 7; 5; 10.

a) Sortiere die Zahlen der Größe nach.
3; 5; 5; 5; 6; 7; 9; 10; 13; 13; 13; 13; 15; 16; 17

b) Bestimme den **Median**: Der Median ist der Wert in der Mitte, er beträgt 10.

c) Wie oft haben sie insgesamt gewürfelt? Es sind insgesamt 15 Würfe.

d) Was ist die Gesamtsumme der Augenzahlen? Die Summe beträgt 150.

e) Wie berechnest du den **Durchschnitt**? Gesamtsumme durch Anzahl der Werte

f) Berechne den Durchschnitt: Der Durchschnitt ist 150 : 15 = 10.

g) Was ist der **Modus**? Der Modus ist der häufigste Wert, hier ist das die 13.

h) Wie groß sind **Maximum** und **Minimum**? Maximum: 17, Minimum: 3

i) Wie groß ist die Spannweite? Die Spannweite beträgt 17 – 3 = 14.

Umfang von Dreiecken und Vierecken

Berechnung des Umfangs

Um den Umfang u einer Figur zu berechnen, werden alle Seitenlängen addiert.

a) Umfang des Dreiecks

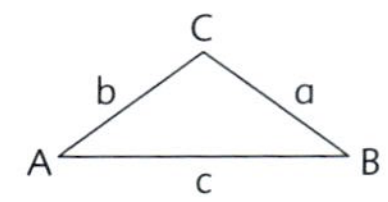

$u = a + b + c$

b) Umfang eines allgemeinen Vierecks

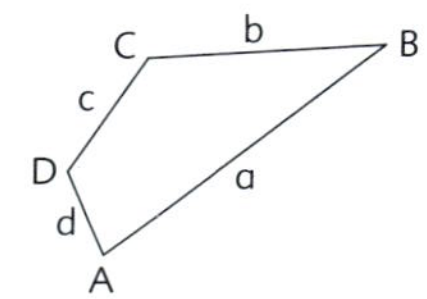

$u = a + b + c + d$

c) Umfang des Rechtecks und des Parallelogramms

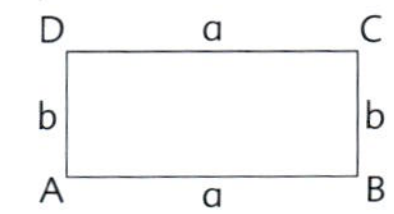

$u = a + b + a + b$
$u = 2 \cdot a + 2 \cdot b$

d) Umfang des Quadrats

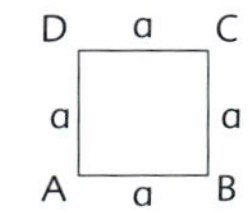

$u = a + a + a + a$
$u = 4 \cdot a$

1 Mit welchen Formeln kannst du den Umfang der Figuren jeweils berechnen?
Ordne die Formeln den Figuren zu.
Begründe deine Entscheidung.

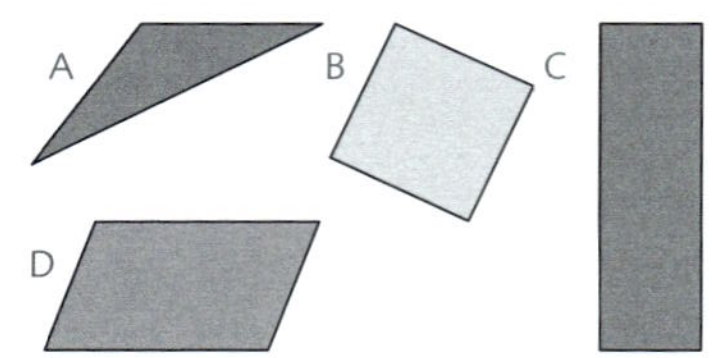

1 $u = a + b + a + b$
$u = 2 \cdot a + 2 \cdot b$

2 $u = a + a + a + a$
$u = 4 \cdot a$

3 $u = a + b + c$

Figur	Formel	Begründung
A	3	*Die Figur hat als einzige 3 Seiten.*
B	2	Nur das Quadrat hat 4 gleiche Seiten.
C	1	Rechteck und Parallelogramm haben 2 Paare gleich lange Seiten.
D	1	Rechteck und Parallelogramm haben 2 Paare gleich lange Seiten.

2 Berechne jeweils die fehlende Seitenlänge.
Forme dazu die Umfangsformel so um, dass du diese Länge ausrechnen kannst.

a) Rechteck

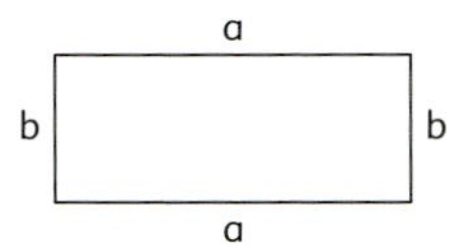

u = 10 cm
b = 1,5 cm

u = 2a + 2b

2a = u − 2b

2a = 10 cm − 2 · 1,5 cm

2a = 7 cm

a = 3,5 cm

b) Dreieck

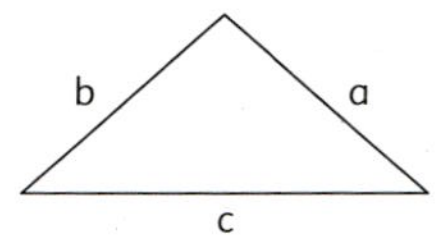

u = 9,4 cm
a = 2,7 cm, c = 4 cm

u = a + b + c

b = u − a − c

b = 9,4 cm − 2,7 cm − 4 cm

b = 2,7 cm

c) Drachenviereck

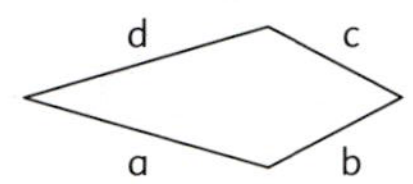

u = 8 cm
a = 2,5 cm

u = 2a + 2b

2b = u − 2a

2b = 8 cm − 2 · 2,5 cm

2b = 3 cm

b = 1,5 cm

3 Berechne die fehlenden Werte der Parallelogramme.
Ergänze die Tabelle.
Denke dir für Spalte d) eigene Werte für dein Lieblingsparallelogramm aus.

	a)	b)	c)	d)
Umfang	78 cm	18 cm	46 cm	z. B. 60 cm
Seite a	15 cm	5 cm	15 cm	10 cm
Seite b	24 cm	4 cm	8 cm	20 cm

a) 78 cm − 2 · 15 cm = 48 cm   48 cm : 2 = 24 cm

b) 2 · 5 cm + 2 · 4 cm = 10 cm + 8 cm = 18 cm

c) 46 cm − 2 · 8 cm = 30 cm   30 cm : 2 = 15 cm

d) z. B. 2 · 10 cm + 2 · 20 cm = 60 cm

4 Berechne die fehlenden Werte der Parallelogramme.
Ergänze die Tabelle.
Denke dir für Spalte d) eigene Werte für dein Lieblingsdreieck aus.
Berechne die fehlenden Werte der Dreiecke und ergänze die Tabelle.

	a)	b)	c)	d)
Umfang	138 mm	12,2 cm	9 cm 9 mm	z. B. 12 m
Seite a	46 mm	2,6 cm	3 cm 7 mm	3 m
Seite b	46 mm	4,5 cm	3 cm 7 mm	4 m
Seite c	46 mm	5,1 cm	2 cm 5 mm	5 m

a) 46 + 46 + 46 (Übertrag 1) = 138

b) 12,2 − 2,6 = 9,6
9,6 − 4,5 = 5,1

c) 3,7 + 2,5 = 6,2
9,9 − 6,2 = 3,7
3,7 cm = 3 cm 7 mm

d) z. B.: 3 + 4 + 5 (Übertrag 1) = 12

5 Rechteck oder Quadrat

a) Überlege zuerst: Um welche Figur handelt es sich: Rechteck oder Quadrat?
Schreibe den Namen in die Tabelle.

b) Berechne die fehlenden Werte im Kopf und ergänze die Tabelle.

Figur	*Quadrat*	Rechteck	Quadrat	Rechteck	Rechteck
Seite a	110 mm	15 cm	25 cm	30 mm	47 mm
Seite b	110 mm	5 m	25 cm	20 mm	59 mm
Umfang	*440 mm*	40 cm	100 cm	100 mm	212 mm

6 Die zwei gleich großen Grundstücke sollen einen gemeinsamen Zaun bekommen.
Wie viel m Zaun werden benötigt?

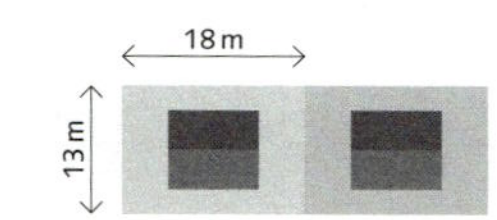

Rechnung:

u = 13 m + 2 · 18 m + 13 m + 2 · 18 m

u = 2 · 13 m + 4 · 18 m

u = 98 m

Flächeninhalt von Dreiecken

Der Flächeninhalt eines Dreiecks wird so berechnet:

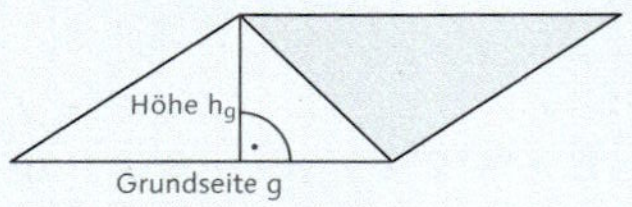

Flächeninhalt$_\triangle$ = Grundseite · Höhe$_g$: 2

$A_\triangle = g \cdot h_g : 2$

Das Halbieren darf ich nicht vergessen!

1 a) Erzähle, wie du mit zwei gleichen Dreiecken ein Parallelogramm legen kannst. Fülle die Lücken im Text aus.

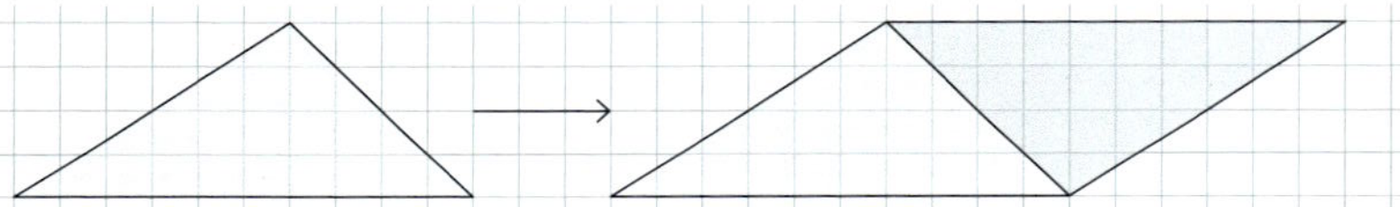

Das gelbe und das blaue Dreieck sind *gleich groß* und haben gleiche Seitenlängen.

Wenn ich sie wie im Bild zusammenlege, bekomme ich ein Viereck.

Bei diesem Viereck sind Seiten gleich lang, die sich gegenüber liegen.

Außerdem sind die sich gegenüberliegenden Seiten auch parallel.

Deshalb ist dieses Viereck ein Parallelogramm.

b) Was bedeutet das für den Flächeninhalt des ersten Dreiecks?

Das Parallelogramm besteht aus zwei Versionen dieses Dreiecks.

Deshalb ist seine Fläche genau doppelt so groß.

Die Fläche des Parallelogramms berechne ich mit der Formel Grundseite mal Höhe.

Also ist die Fläche des Dreiecks halb so groß, d. h. Grundseite mal Höhe geteilt durch 2.

Vergessen, wie das mit der Parallelogramm-Fläche geht? Kein Problem. Auf Seite 75 kommt das noch einmal dran.

2 Gegeben ist das rechtwinklige Dreieck ABC mit a = 5,4 cm; b = 2 cm; c = 5 cm.

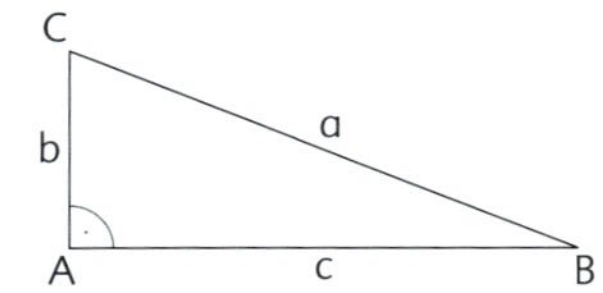

a) Was weißt du über die Höhen im rechtwinkligen Dreieck – kannst du angeben, wie groß h_c ist?

Ja. Seite b steht senkrecht auf Seite c und deshalb ist h_c = b.

b) Berechne den Flächeninhalt des Dreiecks.

2 cm · 5 cm : 2 = 5 cm²

3 Zeichne das Dreieck aus A(1|0), B(5|0) und C(1|4) in das Koordinatensystem. Bestimme den Flächeninhalt des Dreiecks, wenn eine Längeneinheit 1 cm beträgt.

5 cm · 4 cm : 2 = 10 cm²

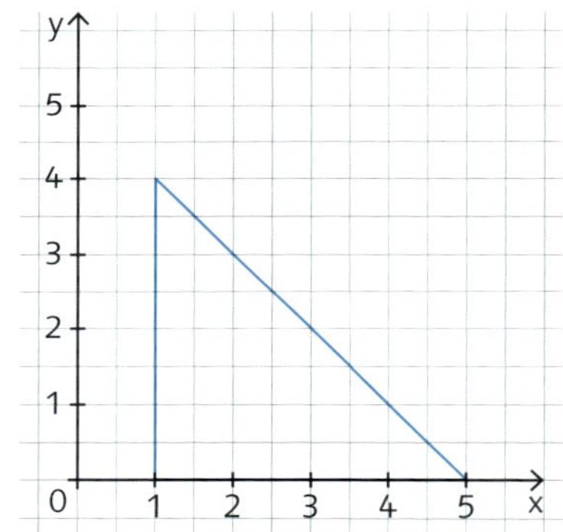

4 Berechne jeweils den Flächeninhalt des Dreiecks.

a) a = 8 cm; b = 7 cm; h_a = 2 cm

8 cm · 2 cm : 2 = 8 cm²

b) b = 4 cm; c = 6 cm; h_c = 3 cm

6 cm · 3 cm : 2 = 9 cm²

Ach ja, genau: Im Dreieck ist
Umfang u = a + b + c
Fläche A = $a \cdot h_a : 2 = b \cdot h_b : 2 = c \cdot h_c : 2$

5 Berechne jeweils die fehlenden Größen im Dreieck.

	a)	b)	c)
a	4 cm	2 · 5,8 cm² : 3,85 cm = 3 cm	4,5 cm
b	3 cm	11,3 cm – 4 cm – 3 cm = 4,3 cm	3 cm
c	*12 cm – 7 cm = 5 cm*	4 cm	6 cm
h_a	3 cm	3,85 cm	2,9 cm
A	*4 cm · 3 cm : 2 = 6 cm²*	5,8 cm²	4 cm · 3 cm : 2 = 6 cm²
u	12 cm	11,3 cm	4,5 cm + 3 cm + 9 cm = 13,5 cm

6 Markiere in jedem Dreieck geeignet eine Grundseite und die zugehörige Höhe.
Miss deren Länge.
Berechne daraus die Flächeninhalte der Dreiecke.

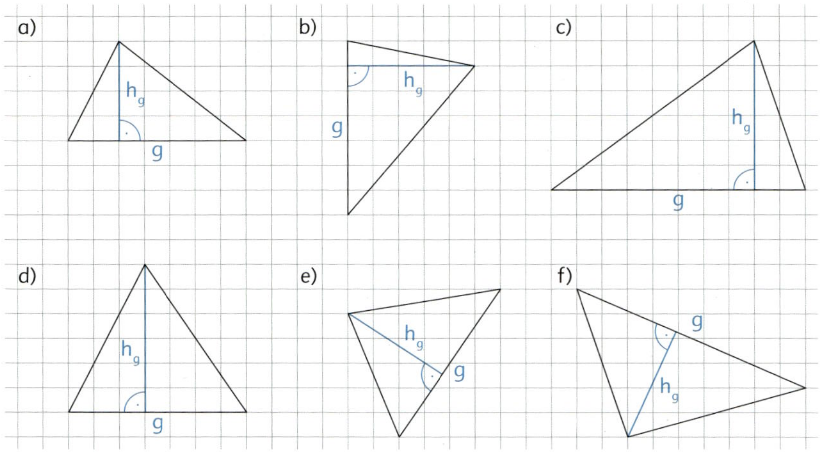

Die markierten Grundseiten und Höhen sind bei jedem Dreieck nur eine von 3 Möglichkeiten!

a) Grundseite: 3,5 cm
Höhe: 2 cm
Berechnung des Flächeninhalts:
A = 3,5 · 2 cm² : 2
A = 3,5 cm²

b) Grundseite: 3,5 cm
Höhe: 2,5 cm
Berechnung des Flächeninhalts:
A = 3,5 · 2,5 cm² : 2
A = 4,375 cm²

c) Grundseite: 5 cm
Höhe: 3 cm
Berechnung des Flächeninhalts:
A = 5 · 3 cm² : 2
A = 7,5 cm²

d) Grundseite: 3,5 cm
Höhe: 3 cm
Berechnung des Flächeninhalts:
A = 3,5 · 3 cm² : 2
A = 5,25 cm²

e) Grundseite: 3,6 cm
Höhe: 2,2 cm
Berechnung des Flächeninhalts:
A = 3,6 · 2,3 cm² : 2
A = 3,96 cm²

f) Grundseite: 4,9 cm
Höhe: 2,3 cm
Berechnung des Flächeninhalts:
A = 4,9 · 2,3 cm² : 2
A = 5,635 cm²

Flächeninhalt von Vierecken

Dies sind die Formeln für den Flächeninhalt von einem **Rechteck** (links) und einem **Quadrat** (rechts).

$A_{\square} = a \cdot b$

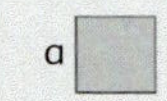

$A_{\square} = a \cdot a$

1 Ordne zu, indem du die Gleichungen durch eine Linie entweder mit dem Rechteck oder dem Quadrat verbindest.

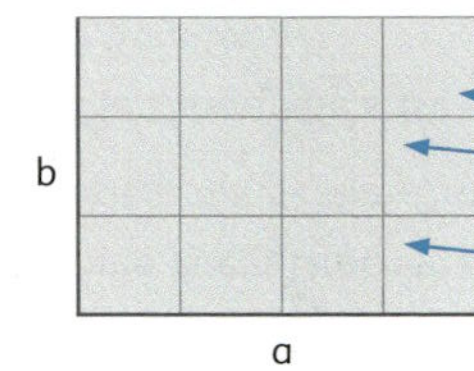

$A_{\square} = a \cdot a$ | A = 3 cm · 3 cm
A = 12 cm² | $A_{\square} = a \cdot b$
A = 4 cm · 3 cm | A = 9 cm²

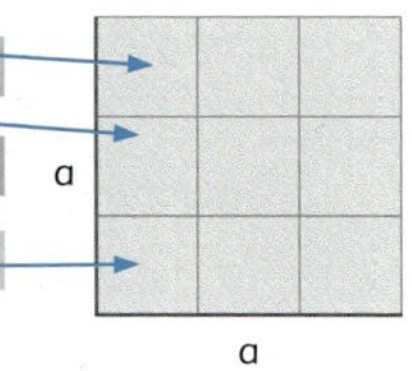

Der Flächeninhalt eines Parallelogramms wird so berechnet:

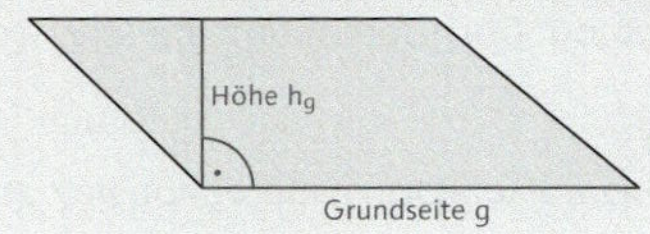

Die Höhe steht senkrecht auf der Grundseite.

Flächeninhalt$_{\text{▱}}$ = Grundseite · zugehörige Höhe
$A_{\text{▱}} = g \cdot h_g$

2 Berechne die fehlenden Größen der Parallelogramme und trage sie in die Tabelle ein.

	a)	b)	c)	d)	e)
a	7 cm	3,4 cm	6,5 cm	7,5 cm	170 cm
h_a	3 cm	6 cm	4,8 cm	5,2 cm	200 cm
A	21 cm²	20,4 cm²	31,2 cm²	39 cm²	34 000 cm²

	f)	g)	h)	j)	j)
a	1,3 cm	8,4 cm	14,75 cm	32 cm	12 cm
h_a	3,5 cm	4,5 cm	6,8 cm	90 cm	29 cm
A	4,55 cm²	37,8 cm²	100,3 cm²	2880 cm²	348 cm²

3 Markiere in jedem Parallelogramm eine geeignete Grundseite und die zugehörige Höhe.
Miss die Längen von Grundseite und Höhe.
Berechne daraus die Flächeninhalte der Parallelogramme.

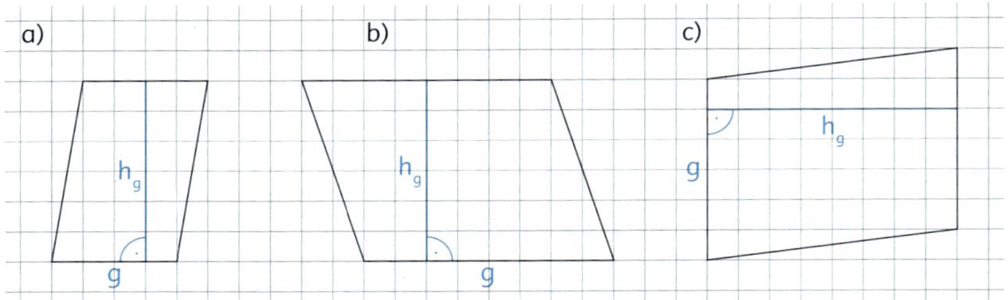

Die markierten Grundseiten und Höhen sind bei jedem Dreieck nur eine von 3 Möglichkeiten!

a) Grundseite: 2 cm
Höhe: 3 cm
Berechnung des Flächeninhalts:
$A = 2 \cdot 3\,cm^2$
$A = 6\,cm^2$

b) Grundseite: 4 cm
Höhe: 3 cm
Berechnung des Flächeninhalts:
$A = 4 \cdot 3\,cm^2$
$A = 12\,cm^2$

c) Grundseite: 3 cm
Höhe: 4 cm
Berechnung des Flächeninhalts:
$A = 3 \cdot 4\,cm^2$
$A = 12\,cm^2$

Der Flächeninhalt eines Trapezes wird so berechnet:

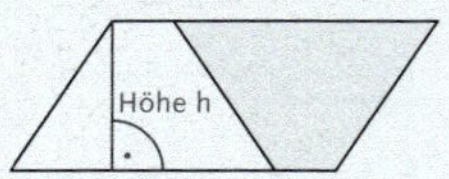

Flächeninhalt$_\triangle$ = Summe der parallelen Seiten · Höhe : 2
$A_\triangle = (a + c) \cdot h : 2$

Das Halbieren darf ich nicht vergessen!

4 Betrachte das Bild und beantworte die Fragen.

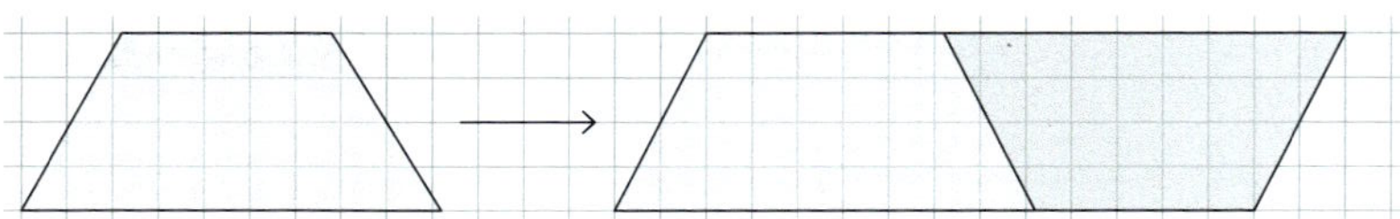

Was wird aus einem Trapez, wenn du eine Kopie davon passend anlegst?
ein Parallelogramm

Wie lang ist die lange Seite dieses Parallelogramms?
die Summe aus den parallelen Trapezseiten

Welche Höhe hat das Parallelogramm? die Höhe des Trapezes

Wie groß ist die Fläche des Parallelogramms? *doppelt so groß wie* die des Trapezes

5 Miss die Längen der parallelen Seiten und die Höhe der Trapeze.
Berechne den Flächeninhalt der Trapeze.

a)

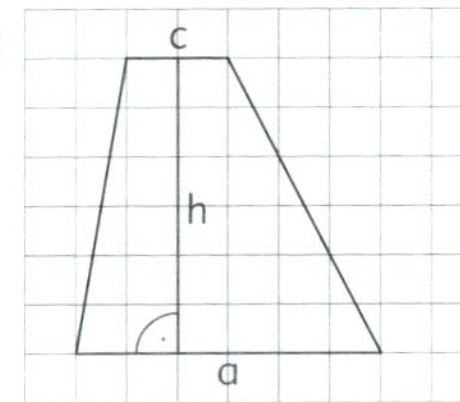

$a = 3\,cm$
$c = 1\,cm$
$h = 3\,cm$
$A = \frac{(a + c) \cdot h}{2}$
$= \frac{4\,cm \cdot 3\,cm}{2}$
$= 6\,cm^2$

b)

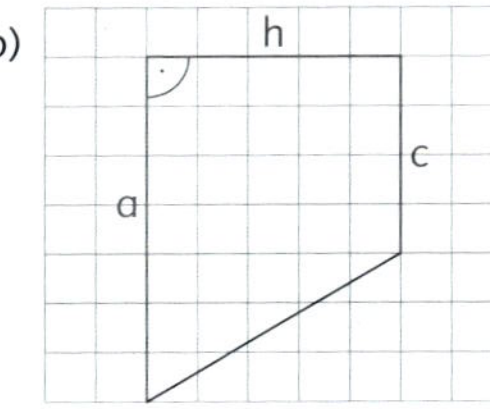

$a = 3{,}5\,cm$
$c = 2\,cm$
$h = 2{,}5\,cm$
$A = \frac{(a + c) \cdot h}{2}$
$= \frac{5{,}5\,cm \cdot 2{,}5\,cm}{2}$
$= 6{,}875\,cm^2$

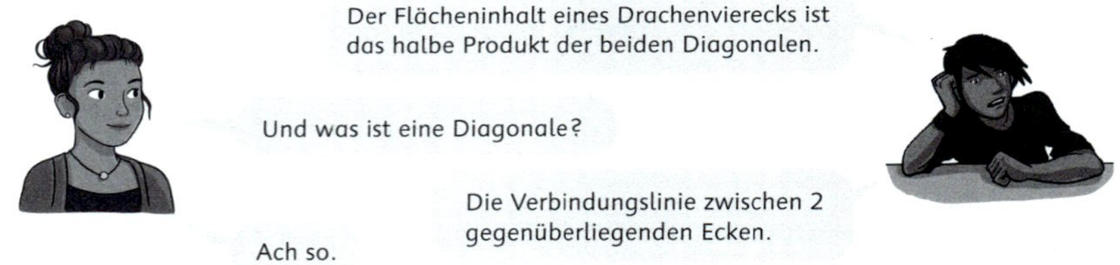

6 a) Zeichne in das Drachenviereck die beiden Diagonalen ein.

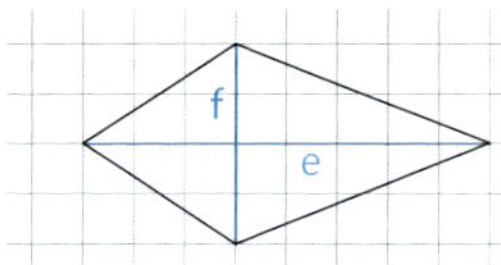

b) Miss die Länge der Diagonalen: $e = 4\,cm$, $f = 2\,cm$

c) Berechne den Flächeninhalt des Drachenvierecks:
$A = \frac{e \cdot f}{2} = \frac{4\,cm \cdot 2\,cm}{2} = 4\,cm^2$

7 Zeichne je ein Drachenviereck aus den gegebenen Größen.
Markiere die beiden Diagonalen e und f. Berechne die Länge der Diagonale f.

a) Die Diagonale e ist 5,5 cm lang. $e = 5{,}5\,cm$
Der Flächeninhalt beträgt 8,25 cm². $A = 8{,}25\,cm^2$
Diagonale f: $f = 2A : e = 3\,cm$

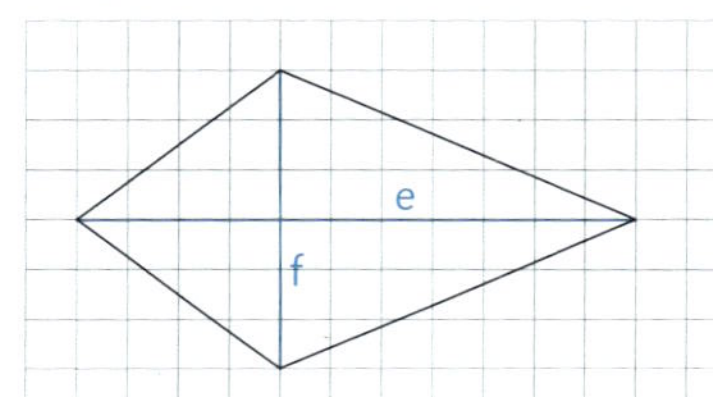

b) Die Diagonale e ist 6,2 cm lang. $e = 6{,}2\,cm$
Der Flächeninhalt beträgt 11,16 cm². $A = 11{,}16\,cm^2$
Diagonale f: $f = 2A : e = 3{,}6\,cm$

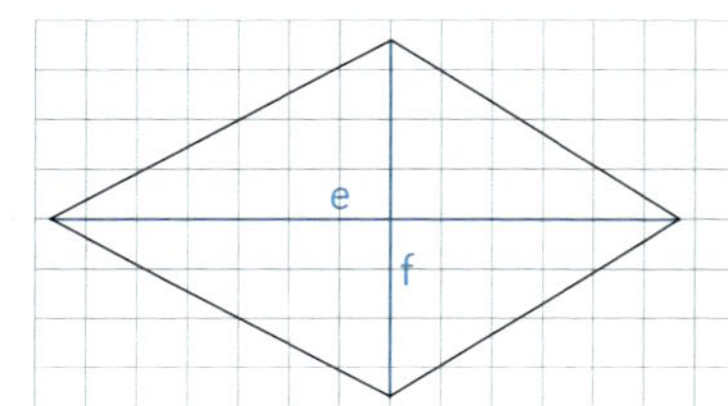

Zusammengesetzte Figuren

1 Zwei Häuser stehen auf Grundstücken, die gleich breit sind, aber unterschiedlich lang. Die beiden Grundstücke sollen zusammen umzäunt werden.

a) Wie breit ist das rechte Grundstück? 18 m

b) Wie viele Meter Zaun brauchen die Besitzer dafür?

c) Wie viele Meter Zaun brauchen sie, wenn in jedem Grundstück noch ein Eingangstor von 1,8 m Breite eingesetzt wird?

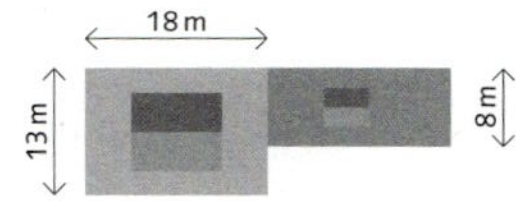

b) $u = 13\,m + 2 \cdot 18\,m + 2 \cdot 18\,m + 8\,m + (13\,m - 8\,m)$
$= 2 \cdot 13\,m + 4 \cdot 18\,m + 8\,m - 8\,m$
$= 26\,m + 72\,m$
$= 98\,m$

c) $u = 98\,m - 2 \cdot 1{,}80\,m$
$= 98\,m - 3{,}60\,m$
$= 94{,}40\,m$

d) Was fällt dir auf, wenn du dir noch einmal Aufgabe 6 auf S. 71 ansiehst? Erkläre deine Beobachtung.

Das Ergebnis ist das gleiche.

Das liegt daran, dass der Weg um das Stück, das jetzt am rechten Grundstück „fehlt", hier genauso lang ist, wie er es beim größeren Grundstück auf S. 71 war.

2 Berechne die Flächeninhalte der beiden Figuren.

a) 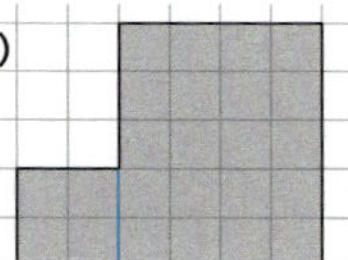

b) 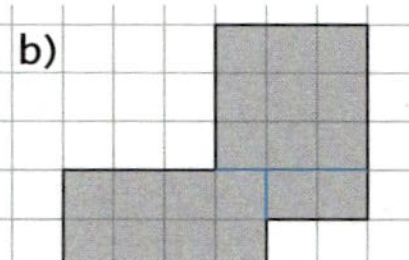

a) Die Figur ist zusammengesetzt aus *einem Quadrat* und einem Rechteck.
Der Flächeninhalt des Quadrats beträgt 1 cm · 1 cm = 1 cm².
Der Flächeninhalt des Rechtecks beträgt 2 cm · 2,5 cm = 5 cm².
Die Gesamtfläche beträgt 1 cm² + 5 cm² = 6 cm².

b) Die Figur ist zusammengesetzt aus zwei Rechtecken und einem Quadrat.
Der Flächeninhalt des ersten Rechtecks beträgt 2 cm · 1 cm = 2 cm².
Der Flächeninhalt des zweiten Rechtecks beträgt 0,5 cm · 1 cm = 0,5 cm².
Der Flächeninhalt des Quadrats beträgt 1,5 cm · 1,5 cm = 2,25 cm².
Die Gesamtfläche beträgt 2 cm² + 0,5 cm² + 2,25 cm² = 4,75 cm².

3 Berechne jeweils die Flächeninhalte der dunkel gefärbten Figur.
Markiere jeweils die Grundseite und die zugehörige Höhe, wenn erforderlich.

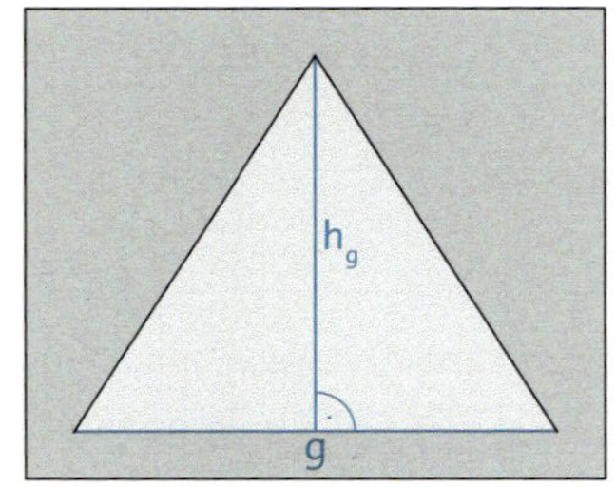

gegeben: $a = 6\,cm$, $b = 5\,cm$
gesucht: $A_R = ?$

gegeben: $g = 5\,cm$, $h_g = 4\,cm$
gesucht: $A_D = ?$

Flächeninhalt: $A = A_R - A_D$

Formel: $A_R = a \cdot b$

Rechnung: $A_R = 6\,cm \cdot 5\,cm$

$A_R = 30\,cm^2$

Formel: $A_D = \frac{g \cdot h_g}{2}$

Rechnung: $A_D = \frac{5\,cm \cdot \not{4}^{2}\,cm}{\not{2}_{1}}$

$A_D = 10\,cm^2$

$A = A_R - A_D \qquad A = 30\,cm^2 - 10\,cm^2 \qquad A = 20\,cm^2$

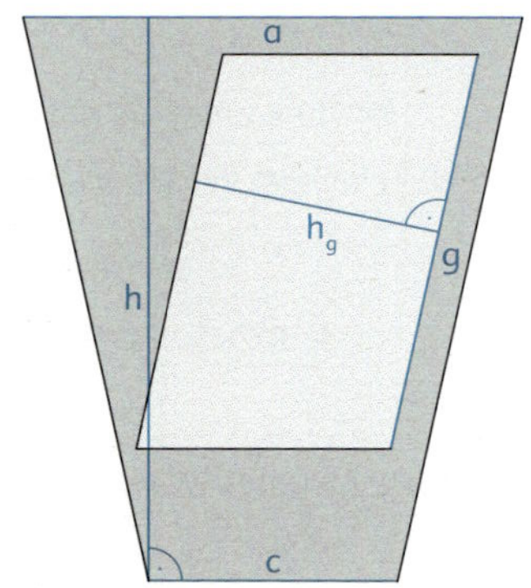

gegeben: $a = 6\,cm$, $c = 3\,cm$, $h = 7\,cm$
gesucht: $A_T = ?$
gegeben: $g = 5\,cm$, $h_g = 3\,cm$
gesucht: $A_P = ?$

Flächeninhalt: $A = A_T - A_P$

Formel: $A_T = \frac{(a + c) \cdot h}{2}$

Rechnung:
$A_T = \frac{(6\,cm + 3\,cm) \cdot 7\,cm}{2}$

$A_T = \frac{9\,cm \cdot 7\,cm}{2}$

$A_T = 31{,}5\,cm^2$

Formel: $A_P = g \cdot h_g$

$A_P = 5\,cm \cdot 3\,cm$

$A_P = 15\,cm^2$

$A = A_T - A_P$

$A = 31{,}5\,cm^2 - 15\,cm^2$

$A = 16{,}5\,cm^2$

4 Berechne den Flächeninhalt und den Umfang der Figur.
Markiere die Grundseiten und die zugehörigen Höhen.

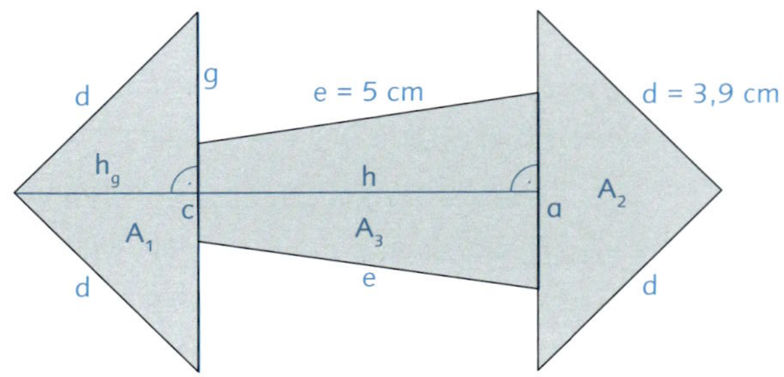

Flächeninhalt: $A_G = A_1 + A_3 + A_2$ $\quad A_1 = A_2$
gegeben: $g = 5{,}5\ cm$, $h_g = 2{,}7\ cm$
gesucht: $A_D = A_1 = ?$

gegeben: $a = 3\ cm$, $c = 1{,}5\ cm$, $h = 5\ cm$
gesucht: $A_T = A_3 = ?$

Formel: $A_D = A_1 = \frac{g \cdot h_g}{2}$

Rechnung: $A_D = A_1 = \frac{5{,}5\ cm \cdot 2{,}7\ cm}{2}$

$A_D = A_1 = 7{,}425\ cm^2$

Formel: $A_T = A_3 = \frac{(a + c) \cdot h}{2}$

Rechnung: $A_T = A_3 = \frac{(3\ cm + 1{,}5\ cm) \cdot 5\ cm}{2}$

$A_T = A_3 = \frac{4{,}5\ cm \cdot 5\ cm}{2}$

$A_T = A_3 = 11{,}25\ cm^2$

$A_G = A_1 + A_3 + A_2$
$A_G = 7{,}425\ cm^2 + 11{,}25\ cm^2 + 7{,}425\ cm^2$
$A_G = 26{,}1\ cm^2$

Umfang:
gegeben: $d = 3{,}9\ cm$, $g = 5{,}5\ cm$, $c = 1{,}5\ cm$, $e = 5\ cm$, $a = 3\ cm$
gesucht: $u_G = ?$

Formel: $u_G = 4 \cdot d + 2 \cdot e + (g - c) + (g - a)$
Rechnung:
$u_G = 4 \cdot 3{,}9\ cm + 2 \cdot 5\ cm + (5{,}5\ cm - 1{,}5\ cm) + 5{,}5\ cm - 3\ cm$
$u_G = 15{,}6\ cm + 10\ cm + 4\ cm + 2{,}5\ cm = 32{,}1\ cm$

Proportionale Zuordnungen erkennen und darstellen

Bei einer **Zuordnung** werden Werte aus zwei Bereichen in Verbindung zueinander gesetzt. Zuordnungen lassen sich in einer Wertetabelle darstellen.

1 Die folgende Wertetabelle beschreibt eine Zuordnung.

Verdienst

Arbeitszeit in Stunden	1	2	4	8	16
Verdienst in €	12	24	48	96	192

a) Welche Größen werden in dieser Tabelle einander zugeordnet?

Arbeitszeit und Verdienst

b) In welchen Einheiten werden diese Größen angegeben?

Die Arbeitszeit wird in Stunden *angegeben und der Verdienst wird in* Euro *angegeben.*

c) Welche Werte werden 3 Stunden, 5 Stunden oder 10 Stunden Arbeit zugeordnet? Ergänze die Tabelle.

Arbeitszeit in Stunden	1	3	5	10
Verdienst in €	12	36	60	120

Um eine Wertetabelle richtig zu verstehen, brauchen wir:
- eine passende Überschrift
- Wertepaare
- manchmal weitere Angaben zu den Wertepaaren

Preise, Gewichte, Temperaturen, Zeiten ...

2 Eine proportionale Zuordnung ist eine besondere Zuordnung. Ergänze die Sätze.

a) Wenn der Wert auf der einen Seite mit drei multipliziert wird, …

muss auch der zugeordnete Wert auf der anderen Seite mit drei multipliziert werden.

b) Wenn der Wert auf der einen Seite durch vier dividiert wird, …

muss auch der zugeordnete Wert auf der anderen Seite durch vier dividiert werden.

3 Berechne diese proportionalen Zuordnungen.
Schreibe an die Rechenpfeile, wie du gerechnet hast.

a) Kisten

	Anzahl	Gewicht in kg	
· 4	1	2,5	· 4
	4	10	

b) Kilowattstunden

	Anzahl	Preis in €	
:100	100	12	:100
	1	0,12	

c) Bleistifte

	Anzahl	Preis in €	
: 3	12	3,60	: 3
	4	1,20	

d) Brötchen

	Anzahl	Preis in €	
· 2	5	1,35	· 2
· 2	10	2,70	· 2
	20	5,40	

e) Kartoffeln

	Gewicht in kg	Preis in €	
· 2	1,5	2,50	· 2
· 2	3	5,00	· 2
	6	10,00	

f) Verdienst

	Zeit in h	Lohn in €	
: 5	40	480	: 5
: 8	8	96	: 8
	1	12	

4 Die AG Schulkiosk verkauft Brötchen für 0,80 €.
Wie viel kosten 5, 10, 15 und 20 Brötchen?
Berechne und stelle die Zuordnung im Koordinatensystem dar.

Brötchen

	Anzahl	Preis in €	
·5	1	0,80	·5
·2	5	4,00	·2
·3	10	8,00	·3
·2	15	12,00	·2
	20	16,00	

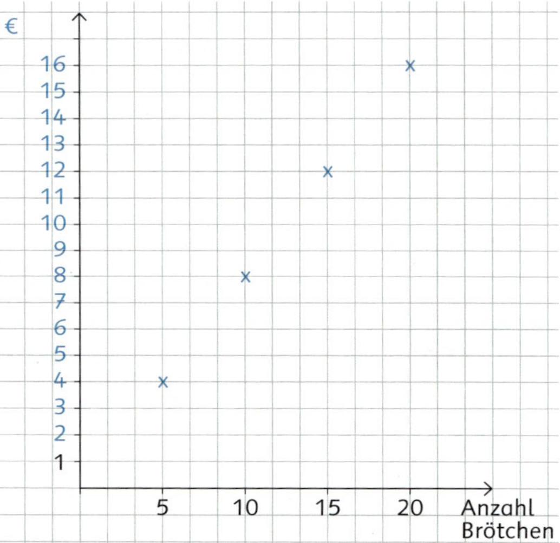

Dreisatz bei proportionalen Zuordnungen

1 Rechne mit dem Dreisatz und beschreibe deine drei Rechenschritte.
Eine Packung mit fünf Joghurts kostet 2,50 €. Wie viel kosten zwei Joghurts?

Joghurt

	Anzahl	Preis in €	
: 5	5	2,50	: 5
· 2	1	0,50	· 2
	2	1,00	

Zwei Joghurts kosten 1 €.

1. Zuerst trage ich die vorgegebenen Werte in die Wertetabelle ein.
2. Dann berechne ich den zugeordneten Wert für 1 Joghurt.
3. Danach berechne ich das Wertepaar für 2 Joghurts.

2 Rechne mit dem Dreisatz.

a) Rezept

	Anzahl Personen	Nudeln in g	
: 4	4	400	: 4
· 3	1	100	· 3
	3	300	

b) Fahrkarten

	Anzahl Karten	Preis in €	
: 5	5	15	: 5
· 2	1	3	· 2
	2	6	

c) Eis

	Anzahl Kugeln	Preis in €	
: 3	3	1,80	: 3
· 2	1	0,60	· 2
	2	1,20	

d) Zeit bei gleicher Geschwindigkeit

	Strecke in km	Zeit in min	
: 6	6	42	: 6
· 15	1	7	· 15
	15	105	

e) Produktion

	Maschinen	Anzahl Werkstücke	
: 12	12	144	: 12
· 11	1	12	· 11
	11	132	

f) Arbeitszeit

	Tage	Zeit in h	
: 5	5	40	: 5
· 220	1	8	· 220
	220	1760	

3 a) Es soll neu tapeziert werden.
2 Rollen Tapete kosten 13 €.
Es werden 5 Rollen benötigt.

Frage: Wie viel kosten 5 Rollen Tapete?

	Anzahl der Rollen	Preis in €	
:2	2	13	:2
·5	1	6,50	·5
	5	32,50	

Antwort: Fünf Rollen kosten 32,50 €.

b) Im Hauswirtschaftsunterricht soll ein Essen gekocht werden. Im Rezept für 4 Personen stehen 360 g Erbsen.

Frage: Wie viel Gramm werden für 13 Personen benötigt?

	Anzahl Personen	Menge in g	
:4	4	360	:4
·13	1	90	·13
	5	1170	

Antwort: Es werden 1170 g benötigt.

Lineare Zuordnungen erkennen und darstellen

Die Darstellung einer Zuordnung im Koordinatensystem nennt man **Graph**.
In einem Koordinatensystem verläuft die x-Achse von links nach rechts. Die y-Achse verläuft von unten nach oben.
Die Achsen schneiden sich im Koordinatenursprung (Nullpunkt).
Beide Achsen müssen beschriftet sein.

Wenn im Graphen einer Zuordnung alle Punkte auf einer **Geraden** liegen, heißt die Zuordnung **linear**.
Wenn diese Gerade durch den Ursprung oder Nullpunkt des Koordinatensystems geht, ist die lineare Zuordnung sogar **proportional**.

1 a) Was ist eine lineare Zuordnung? Ergänze den Satz.

Im Graphen einer linearen Zuordnung liegen alle Punkte auf einer Geraden. Diese muss nicht durch den Nullpunkt gehen.

b) Kreuze an, bei welchen Graphen es sich um eine lineare Zuordnung handelt.

☒ 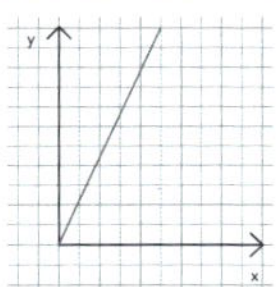 ☐ 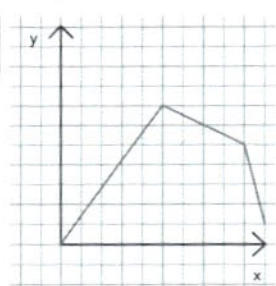 ☒ 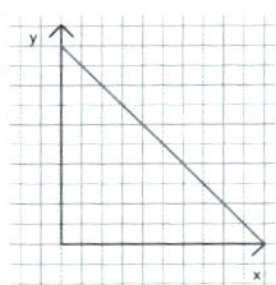 ☐ 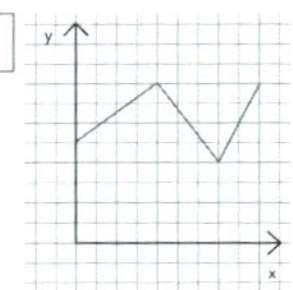

c) Begründe deine Entscheidung. Alle Punkte liegen auf einer Geraden.

2 Lisas Mutter meldet sich im Fitnessstudio an. Sie bezahlt eine Aufnahmegebühr und jeden Monat einen Mitgliedsbeitrag.

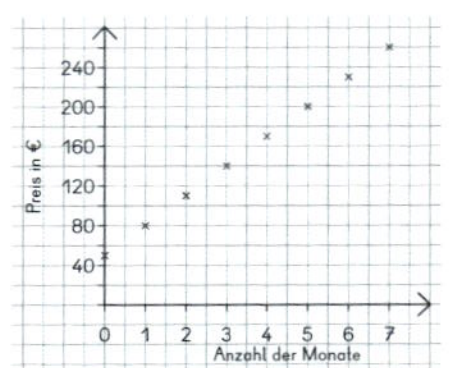

Aufnahmegebühr: 50 €
1. Monat + 30 €
80 €
2. Monat + 30 €

Anzahl der Monate	0	1	2	3	4	5	6	7	8	9	10
Gesamtpreis in €	50	80	110	140	170	200	230	260	290	320	350

a) Ergänze die fehlenden Werte.

b) An welcher Stelle im Graphen kannst du die Aufnahmegebühr ablesen?

Die Aufnahmegebühr wird sofort, also im Monat „0“ fällig.

Im Graphen ist das der Punkt (0|50), also die Stelle x = 0 auf der x-Achse und y = 50 auf der y-Achse. *Die Aufnahmegebühr beträgt* 50 €.

3 Herr Xuan möchte in seinem Garten Büsche pflanzen.
Gleich vorne an der Terrasse soll der erste Busch stehen, die anderen pflanzt er im Abstand von 0,40 m.
Ergänze die Wertetabelle.
Zeichne den Graphen.

Nummer des Busches	Abstand in m
1	0
2	0,40
3	0,80
4	1,20
5	1,60
6	2,00
7	2,40
8	2,80
9	3,20

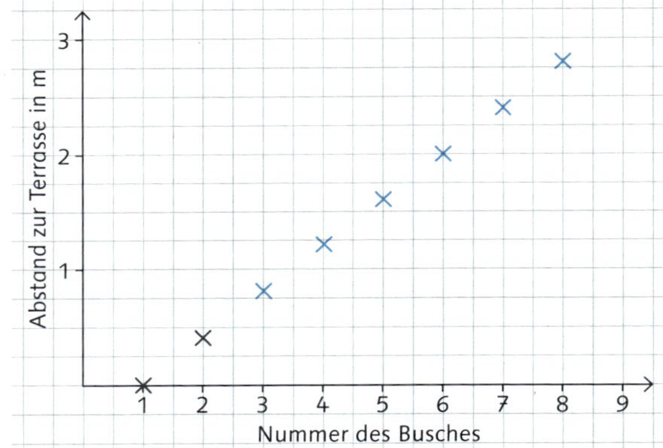

Warum ist diese Zuordnung linear? Alle Punkte liegen auf einer Geraden.

Um den Graphen einer linearen Funktion zu zeichnen, brauche ich nur genau zwei Punkte zu kennen.

4 Zeichne den Graphen in das Koordinatensystem, ohne eine Wertetabelle aufzustellen.

Ein Verkaufsstand für den Flohmarkt kostet 7 € Grundgebühr und 3 € für jeden Meter Länge des Verkaufstischs.

Um den Graphen zu zeichnen, müssen diese beiden Punkte bekannt sein:

x: 0 y: 7

x: 1 y: 10

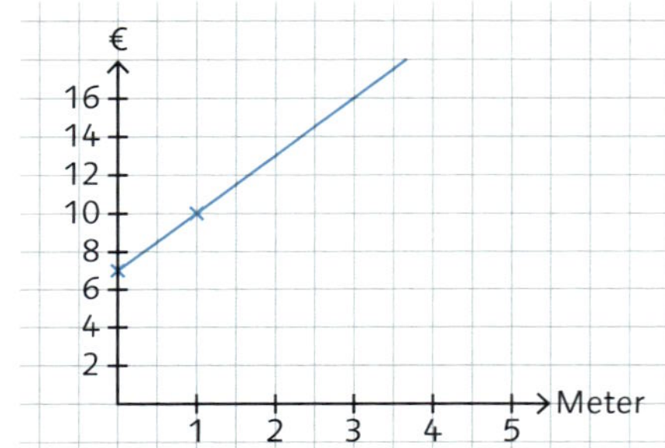

5 a) Zeichne den Graphen in das Koordinatensystem, ohne eine Wertetabelle aufzustellen.

Für einen Geburtstagskuchen benötigt man 4 Eier. Ohne Eier gibt es keinen Kuchen.

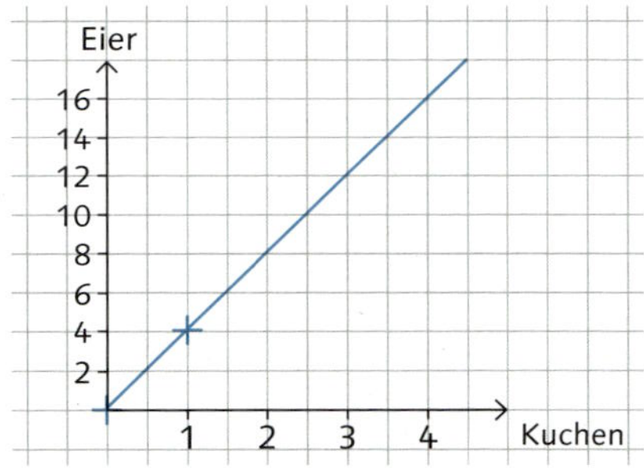

Um den Graphen zu zeichnen, brauchen wir diese beiden Punkte:

x: 0 y: 0

x: 1 y: 4

b) Was fällt dir auf? Was für eine Zuordnung liegt hier vor?

Die Gerade geht durch den Ursprung.

Deshalb liegt hier nicht nur eine lineare, sondern sogar eine proportionale Zuordnung vor.

6 Ling-Ling hat drei Angebote für eine Taxifahrt zum 20 km entfernten Bahnhof. Nutze den Taschenrechner.

a) Ergänze die Wertetabellen. Beachte, dass bei 0 die einmalige Grundgebühr steht.

Taxiunternehmen: *Fahr mich billig* (pro km 1,50 €)

Fahrstrecke in km	**x**	0	1	5	10	15	20
Preis in €	**y**	2,50	4,00	10	17,50	25	32,50

Taxiunternehmen: *Bringt Sie sicher an* (pro km 1,60 €)

Fahrstrecke in km	**x**	0	1	5	10	15	20
Preis in €	**y**	2,00	3,60	10	18	26	34

Taxiunternehmen: *Günstig reisen* (pro km 1,30 €)

Fahrstrecke in km	**x**	0	1	5	10	15	20
Preis in €	**y**	3,00	4,30	9,50	16	22,50	29

b) Ling-Ling möchte möglichst günstig zum Bahnhof gefahren werden. Für welches Unternehmen sollte sie sich entscheiden? Begründe.

Antwort: *Sie sollte* sich für das Unternehmen „Günstig reisen" entscheiden. Es hat zwar die höchste Grundgebühr, aber den niedrigsten km-Preis. Deshalb kostet die Fahrt über 20 km dort am wenigsten.

Steigung

Lineare Funktionen lassen sich mit Hilfe einer **Funktionsgleichung** darstellen.

Beispiele: y = 2x oder y = 11x + 5

Setzt man für x = 7 ein: y = 2 · 7 = 14 und y = 11 · 7 + 5 = 82

In der **Funktionsgleichung** y = **m** · x gibt **m** die **Steigung** an.

Die Steigung **m** lässt sich mit Hilfe eines **Steigungsdreiecks** bestimmen.

Beispiel: y = 2x

Steigung: **m** = 2

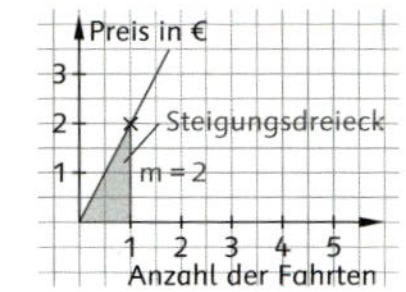

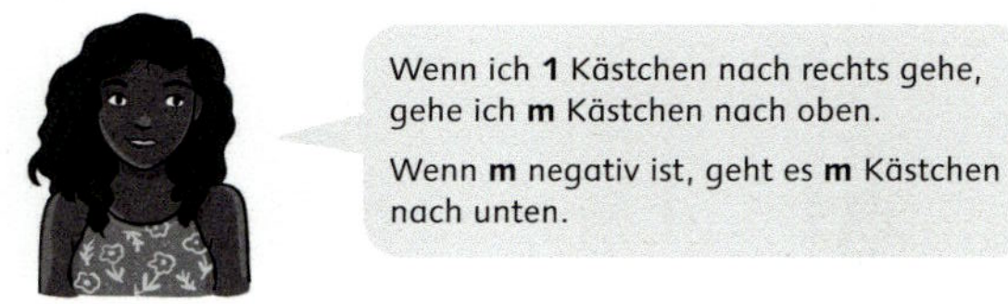

1 a) Welcher Graph passt zu welcher Funktionsgleichung? Ordne zu und streiche aus.

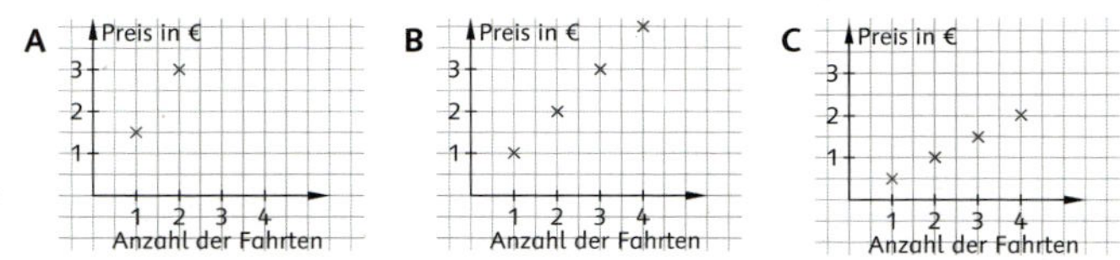

A: y = 1,5x B: y = 1x C: y = 0,5x

~~y = 1,5x~~ ~~y = x~~ ~~y = 0,5x~~

b) Ergänze den Merksatz:

Je größer der Faktor vor dem x, desto größer ist die Steigung einer linearen Funktion.

größer | linearen Funktion | Faktor

2 Tims Vater meint: „Der Preis fürs Autoscooter-Fahren in € ist zweimal so hoch wie die Anzahl der Fahrten. Das kann ich auch als Gleichung schreiben."
Welche Gleichung passt? Kreise ein.

(y = 2x) y = 4x $y = \frac{1}{2}x$

y-Achsenabschnitt

Im Graphen der Funktion y = **m**x + **b** gibt **b** den **Schnittpunkt** des **Graphen** mit der **y-Achse** an. b wird auch **y-Achsenabschnitt** genannt.

Beispiel: y = 1,5x + 1
b = 1

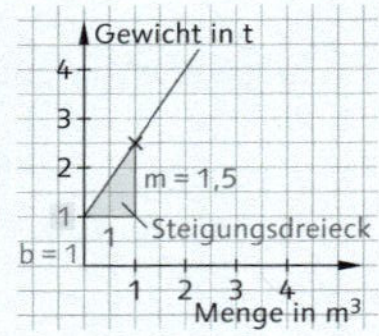

Die **Steigung m** kann mit Hilfe des **Steigungsdreiecks** bestimmt werden.

Steigung: **m** = 1,5

1 Welcher Graph passt zu welcher Funktionsgleichung? Ordne zu.

A 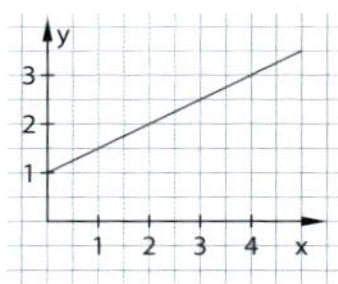
B 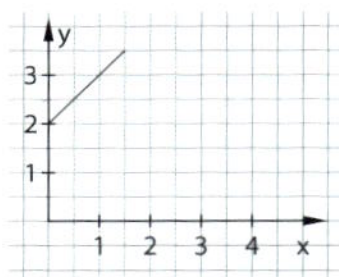
C 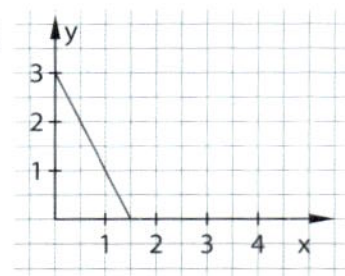

A	B	C
y = 0,5x + 1	y = −2x + 3	y = x + 2
y = 0,5x + 1	y = x + 2	y = −2x + 3

2 Zeichne den Graphen zur Funktionsgleichung und ein Steigungsdreieck.
Beschrifte m und b am Steigungsdreieck.

a) Zeichne: y = 2x + 1

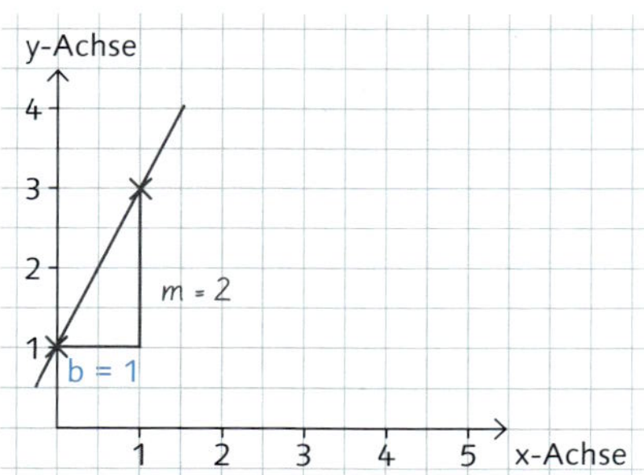

b) Zeichne: y = −2x + 2,5

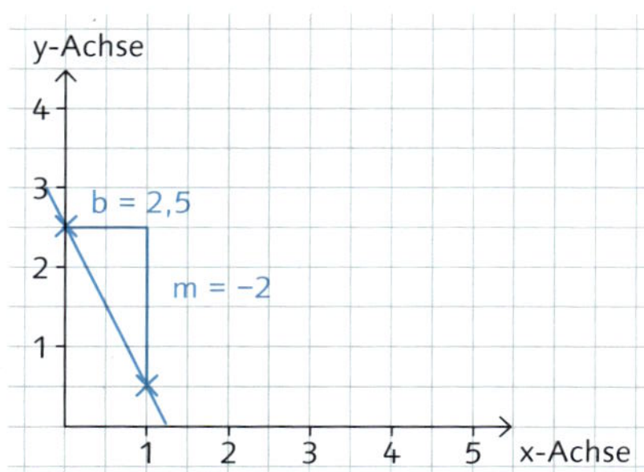

Terme zusammenfassen

1 Schreibe zu jedem Satz einen Term auf.

a) Ich denke mir eine Zahl n. Ich addiere 2 zu dieser Zahl. Term: $n + 2$

b) Ich denke mir eine Zahl a. Ich subtrahiere davon 3. Term: ______

c) Ich denke mir zwei Zahlen a und b und addiere sie. Term: ______

d) Ich denke mir eine Zahl x. Ich multipliziere sie mit 2 und addiere dazu 13. Term: ______

e) Ich denke mir zwei Zahlen x und y und multipliziere sie. Dann subtrahiere ich davon 3. Term: ______

f) Ich denke mir eine Zahl z. Ich multipliziere sie mit 3 und subtrahiere davon das Zweifache der Zahl z. Term: ______

2 Kannst du das Ergebnis in Aufgabe 1f) noch weiter zusammenfassen?

○ Nein, das ist der einfachste Term, den man hier schreiben kann.

○ Ja, wenn ich drei von irgendetwas habe und zwei davon wegnehme, bleibt eins über, egal was es ist ($3z - 2z = 1z = z$).

Für den Term $a + a + a + a + 2$ kann man auch diese Terme schreiben:

$4 \cdot a + 2$ $2 + 4 \cdot a$ $4a + 2$ $2 + 4a$ $3a + a + 2$ $2a + 2a + 2$

3 Schreibe möglichst übersichtlich.

a) $a + a + a =$ $3a$

b) $a + a + 3 =$ ______

c) $a + a + a + a + a =$ ______

d) $a + 2a + a + 1 =$ ______

e) $4a + 3a + 2a + a =$ ______

f) $-a - a - a =$ ______

g) $a - a =$ ______

Wenn in einem Term die gleiche Variable mehrmals vorkommt, lässt sich der Term vereinfachen.

1. Ich markiere die gleichen Variablen farbig.
2. Ich ordne.
3. Ich fasse zusammen.

Beispiel:

$a + b + a + b + 4$

$a + b + a + b + 4$

$= a + a + b + b + 4$

$= 2a + 2b + 4$

4 Vereinfache die Terme.

Markiere zuerst, was du zusammenfassen kannst.

a) $x + 13 - x + 15 - y$

$= x - x + 13 + 15 - y$

$= 28 - y$

b) $2a - 3 + 7 - a$

=

=

c) $-x + y + \frac{1}{2} + 7y - \frac{1}{2}$

=

=

d) $4a - 2b + c - 3a + 3b$

=

=

5 Vereinfache die Terme so weit wie möglich.

a) $12a - 3b + 7b - 9a =$ $3a + 4b$

b) $a + b - 1 + c + a + b + a =$ ____

c) $2 + z - 2y - 3y + x - 3 =$ ____

d) $s + 3n - i + e - 2n + 2i =$ ____

6 Vereinfache die Terme.

a) $7 - x + 3 + 9x$

$= 7 + 3 - x + 9x$

$= 10 + 8x$

b) $2 \cdot 6a - 6 \cdot 2b$

c) $5x + 3z + 6 - 5x$

d) $6a - 4 - a + 2b + 2 + 4b$

7 Vereinfache die Terme so weit wie möglich.

a) $5x + 9 + 2 + 6x + 10x + 15 =$ $21x + 26$

b) $2a + 4a + 5 - 3a + 14 + 8a =$ $11a +$

c) $4x + 7x + 12 + 9 + 12x - 3x =$

d) $2 + 9a + 5b - 1 + 2a - 4 + 8b =$

e) $x + 4x - 7x + 6 + x - 1 + 4 =$

f) $6 - 10x + 3y + 16x - y + 5 - 2x =$

g) $19a + 3b - b - 2a + 5b + 17 + 3 =$

h) $15 + 4y + x + 12 + 12 + 12x - 3x =$

8 Vereinfache die Terme so weit wie möglich.

a) $15x + 9 + 2x + 6x + 17x + 15 =$ $40x + 24$

b) $2a + 24a + 5b - 13a + 14 + 8a =$ $21a +$

c) $4y + 17x + 12 + 9 - 22x - 13y =$

d) $2 - 29a + 5b - 31 + 2a - 4 + 8b =$

e) $-x + 24x - 7y + 16 + x - 1 + 4 =$

f) $6 - 10x + 3y - 36x - 28y + 5 - 2x =$

g) $-9a - 3b - 31b - 12a + 5b + 17 + 13b =$

h) $-15 + 4y + x + 12y + 12 + 12x - 23x =$

9 Vereinfache den Term: $4 + 9x + 6 - x + 2x$

Berechne den Wert des Terms für: a) $x = 8$ b) $x = -1$

$4 + 9x + 6 - x + 2x =$

Klammern auflösen

1 a) Joe Sparrow, Blackbeard, Lady Jane und Bloody Mary haben Karten gespielt. Dabei hat Joe 3 Goldstücke von Lady Jane gewonnen und 4 an Blackbeard und 2 an Bloody Mary verloren.

Schreibe einen Term für Joes Gewinne und Verluste, nimm die Variable G für die Zahl der Goldstücke. $+3G - 4G - 2G$

Schreibe den Term so um, dass du direkt siehst, wie viele Goldstücke Joe abgeben musste. $+3G - (4G + 2G)$

Joe musste ______ Goldstücke abgeben.

b) Am nächsten Abend haben Joe, Blackbeard, Jane und Mary gewürfelt. Diesmal hat Joe 1 Goldstück von Mary gewonnen, aber 7 Goldstücke an Blackbeard und 5 an Jane verloren.

Schreibe einen Term für Joes Gewinne und Verluste, nimm die Variable G für die Zahl der Goldstücke. ______

Schreibe den Term so um, dass du direkt siehst, wie viele Goldstücke Joe abgeben musste. ______

Joe musste ______ Goldstücke abgeben.

2 Von einer Schnur mit der Länge a werden die angegebenen Stücke abgeschnitten. Gib jeweils einen Term mit Klammer und einen Term ohne Klammer für die Restlänge der Schnur an.

a) 1 Stück der Länge b und 2 Stücke der Länge c $a - b - 2c$ $a - (b + 2c)$

b) 3 Stücke der Länge b und 1 Stück der Länge c $a - 3b - c$

c) 4 Stücke der Länge b und 5 Stücke der Länge c ______

d) 20 Stücke der Länge b und 10 Stücke der Länge c ______

3 Löse zuerst die Klammer auf.
Vereinfache dann die Terme so weit wie möglich.

a) $x + (3x + 9) + 6x =$ $x + 3x + 9 + 6x = 10x + 9$

b) $5y + 2x - (2y - x) =$ ______

c) $2 \cdot (a + 4) - 4a =$ ______

d) $3x - (x - 2 + 11) =$ ______

e) $-(1 - c) - (5c - 8) =$ ______

f) $a - (b + 5 - 6a) - 20 =$ ______

Ausmultiplizieren

Wenn eine Summe in Klammern steht und du sie mit einer Zahl multiplizierst, dann kannst du die Klammer loswerden.
Multipliziere die Zahl jeweils mit allem, was in der Klammer steht.

Beispiel	**allgemein**
$3 \cdot (5 + 7) = 3 \cdot 5 + 3 \cdot 7$	$a \cdot (b + c) = a \cdot b + a \cdot c$

Diesen Rechenschritt nennt man **ausmultiplizieren**.

1 Multipliziere aus und überprüfe, ob du auf beiden Rechenwegen dasselbe bekommst.

a) $2 \cdot (4 + 6) = 2 \cdot 4 + 2 \cdot 6$
$2 \cdot 10 = 8 + 12$
$20 = 20$

b) $5 \cdot (1 + 8) = 5 \cdot 1 + 5 \cdot 8$
$5 \cdot 9 =$

c) $10 \cdot (3 + 12) =$ ______

d) $9 \cdot (7 + 2) =$ ______

2 Multipliziere aus und rechne nach – achte auf das Minuszeichen!

a) $2 \cdot (6 - 4) = 2 \cdot 6 - 2 \cdot 4$
$2 \cdot 2 = 12 - 8$
$4 = 4$

b) $5 \cdot (10 - 8) = 5 \cdot 10 - 5 \cdot 8$
$5 \cdot 2 =$

c) $10 \cdot (3 - 2) =$ ______

d) $9 \cdot (7 - 2) =$ ______

Erinnerst du dich? Wenn du eine Zahl und eine Variable multiplizierst, kannst du den Malpunkt auch weglassen und Zahl und Variable direkt zusammenschreiben.

3 Wenn in oder vor der Klammer Variablen vorkommen, kannst du die Klammern genauso auflösen. Multipliziere aus und fasse zusammen, so weit wie möglich.

a) $2 \cdot (6a - 4) = 2 \cdot 6a - 2 \cdot 4 = 12a - 8$
b) $10 \cdot (3x + 12) =$ ______ $=$ ______
c) $x \cdot (3 + 2) = x \cdot 3 + x \cdot 2 =$ ______
d) $4 \cdot (2x + y) =$ ______ $=$ ______

4 Löse die Klammern auf und vereinfache anschließend den Term so weit wie möglich. Achte dabei auf die Vorzeichen!

a) $12x \cdot (4 - 5y) + 16x$ = $12x \cdot 4 - 12x \cdot 5y + 16x$ = $64x - 12x5y$

b) $x \cdot (5 + y - 2) - 5x$ = $x \cdot 3 + x \cdot y - 5x$ = ______

c) $6 \cdot (-x + 2{,}5) - 11x$ = ______ = ______

d) $(x + 5 - 2x) \cdot (-7)$ = ______ = ______

e) $-2x \cdot (1{,}5 + y) + 8x$ = ______ = ______

Wenn in einer Summe oder einem Produkt mehrere Variablen auftauchen, sortierst du die Variablen am besten alphabetisch und schreibst den Term ohne Variablen an den Schluss. Das ändert nichts am Ergebnis, ist aber übersichtlicher.

5 Trage die Terme jeweils ohne Klammer in die Tabelle ein.

a)

·	−3	−7	1,5	0,5
$x + 1$	$-3x - 3$	$-7x - 7$		
$-2 + 4x$	$-12x + 6$			
$10x - 2y$				

b)

·	$-18 + x$	$2x + y$	$\frac{1}{3}x - 12$	$\frac{1}{4}x - \frac{1}{2}$
$-z$	$-xz + 18z$	$-2xz - yz$	$-\frac{1}{3}xz + 12z$	
$3z$				
$-\frac{1}{2}$				

6 a) Löse die Klammer auf.
Berechne dann den Wert des Terms für $a = 4$.

$3(a + 1) = 3a + 3$ Mit $a = 4$ ergibt dies $3 \cdot 4 + 3 = 15$

$2(a + 3) - 3a = 2a + 6 - 3a = -a + 6$ Mit $a = 4$ ergibt dies ______

$13 - 2(1 + a) = 13 - 2 - 2a =$ Mit $a = 4$ ergibt dies ______

b) Löse die Klammer auf.
Berechne dann den Wert des Terms für $x = -2$.

$3x(7 - 1) = 21x - 3x = 18x$ Mit $x = -2$ ergibt dies $18 \cdot (-2) =$

$5 + 2(x + 3) - 3x =$ ______ Mit $x = -2$ ergibt dies ______

$3(3 + x) - 2(x - 3) =$ ______ Mit $x = -2$ ergibt dies ______

7 Ergänze die leeren Felder durch Zahlen oder Rechenzeichen, sodass sich eine wahre Aussage ergibt.

a) $4 \cdot \left(\frac{1}{2} + 2\right) = 2 + 8$

b) $2 \cdot (5 - 15) = 10 - \_\_\_$

c) $\_\_\_ - 7 = 2 \cdot \left(2 - \frac{7}{2}\right)$

d) $18 + \_\_\_ = (2 + 3) \cdot 9$

e) $\_\_\_ - 22 = 11 \cdot (8 \_\_\_ 2)$

8 Ordne zu. Die Buchstaben ergeben in der richtigen Reihenfolge das Lösungswort.

a) $3 \cdot (10 + 0{,}1) =$ $30 + 0{,}3$ ____

b) $3 \cdot \left(4 - \frac{1}{5}\right) =$ ________ ____

c) $0{,}1 \cdot (0{,}1 + 1) =$ $0{,}01 + 0{,}1$ ____

d) $2 \cdot \left(\frac{1}{4} - \frac{1}{8}\right) =$ ________ ____

e) $6 \cdot (0{,}2 + 3) =$ ________ ____

f) $11 \cdot (3 - 1) =$ ________ ____

g) $3 \cdot (1{,}5 + 2{,}5) =$ ________ ____

A	$0{,}01 + 0{,}1$
M	$\frac{2}{8} = \frac{1}{4}$
R	$4{,}5 + 7{,}5$
L	$12 - \frac{3}{5}$
E	$33 - 11$
K	$30 + 0{,}3$
M	$1{,}2 + 18$

Lösungswort: ____________

9 Finde den Fehler.

Umkreise, was falsch ist, und schreibe darunter, wie die Rechnung richtig ist.

a) $2 \cdot (5 - 3a) - 3a = 10 - 6a - 3a = 10 - (6a - 3a) = 10 - 3a$

$2 \cdot (5 - 3a) - 3a = 10 - 6a - 3a = 10 - (6a + 3a) = 10 - 9a$

b) $4x(3y - 2z) = 4x \cdot 3y \cdot (-2z) = -24xyz$

____

c) $-10(-x - 2) = -10x - 10(-2) = -10x + 20$

____

Ausklammern und vermischte Umformungen

- Wenn du zwei oder mehr Zahlen oder Variablen multiplizierst, nennt man das ein Produkt: $3 \cdot 6$, $(-3) \cdot a$, $4xyz$.
- Die einzelnen Terme in einem Produkt nennst du Faktoren.
- Ein Faktor kann auch eine Summe oder eine Differenz in Klammern sein. Der Term wird dann in Klammern gesetzt:

Produkt: $(a + 5) \cdot x \cdot (2a - 1)$

Faktor

1 Schreibe die Zahlen jeweils als Produkt aus zwei Zahlen. Manchmal gibt es mehr als eine Möglichkeit.

a) 6 = $3 \cdot 2$

b) 10 = $2 \cdot 5$

c) 21 = ______

d) 56 = ______

e) 12 = ______

f) 27 = ______

g) 99 = ______

Erinnere dich: Bei einem Produkt ist die Reihenfolge der Faktoren egal. Du kannst „$5 \cdot 2$" oder „$2 \cdot 5$" schreiben. Das Ergebnis ist gleich.

2 Schreibe die Terme jeweils als Produkt mit möglichst vielen Faktoren. Es gibt jeweils mehr als eine Möglichkeit!

a) $15x$ = $3 \cdot 5x$

b) $18ab$ = $6a \cdot 3b$

c) $35xyz$ = ______

d) $12xy$ = ______

e) $100n$ = ______

Wenn in einer Summe (oder einer Differenz) alle Terme den gleichen Faktor enthalten, kannst du diesen Faktor **„ausklammern"**:

– Du teilst alle Terme durch diesen Faktor,
– schreibst die Ergebnisse in eine Klammer und
– multiplizierst den Klammerausdruck mit dem gemeinsamen Faktor.

Man sagt dazu auch: „Du ziehst den Faktor vor die Klammer".

Beispiel:

$$15x + 18x = 5 \cdot 3x + 6 \cdot 3x = 3x \cdot (5 + 6) = 3x \cdot 11$$

3 Schreibe den gemeinsamen Faktor aller Summanden auf.

a) $21 + 30 + 33 =$ $3 \cdot 7 + 3 \cdot 10 + 3 \cdot 11$ gemeinsamer Faktor: 3

b) $2x + 3x - 7x =$ $x \cdot 2 + x \cdot 3 - x \cdot 7$ gemeinsamer Faktor: ______

c) $5xy - 10 =$ ______ gemeinsamer Faktor: ______

d) $3a + 30ab + 99a =$ ______ gemeinsamer Faktor: ______

4 Schreibe die Terme aus Aufgabe 3 jeweils als „ausgeklammertes" Produkt.

a) $21 + 30 + 33 =$ $3 \cdot (7 + 10 + 11)$

b) $2x + 3x - 7x =$ ______

c) $5xy - 10 =$ ______

d) $3a + 30ab + 99a =$ ______

5 Klammere jeweils den Faktor (–5) aus.

a) $-10 - 15x =$ $(-5) \cdot (2 + 3x)$

b) $-10x + 15 =$ $(-5) \cdot$ ______

c) $-15x - 10 =$ ______

d) $15 - 10x =$ ______

e) $-25a - 30b =$ ______

f) $-75a - 60 =$ ______

Erinnerst du dich? Wenn du eine Zahl und eine Variable multiplizierst, kannst du den Malpunkt auch weglassen und Zahl und Variable direkt zusammenschreiben.

6 Klammere jeweils den Faktor 7x aus.

a) $7xy + 14x =$ $7x(y + 2)$

b) $7x - 14xy =$ ______

c) $21x - 35ax =$ ______

d) $-21x + 35ax =$ ______

e) $-56x - 63xy =$ ______

f) $-56xy + 63xz =$ ______

7 Klammere jeweils einen geeigneten Faktor aus.

a) $3x - 3y =$ $3(x - y)$

b) $15m - 15n =$ $15(m - n)$

c) $9a + 9b =$ $9(\quad)$

d) $-12a - 12b =$ $(-12)(\quad)$

e) $6x + 18x =$ ______

f) $12a - 9b =$ ______

g) $14m - 21n =$ ______

h) $27x + 42y =$ ______

i) $3x + 6xy =$ ______

j) $12ab - 15b =$ ______

k) $-45ax - 30x =$ ______

l) $15r - 21rs =$ ______

Ausklammern ist die Umkehrung vom Ausmultiplizieren. Wenn du einen Term ausklammerst und danach wieder ausmultiplizierst, dann erhältst du deinen ursprünglichen Term.

ausmultiplizieren →

$a \cdot (b + c) = ab + ac$

← *ausklammern*

ausmultiplizieren →

$3\,(4 + 2) = 3 \cdot 4 + 3 \cdot 2$

← *ausklammern*

8 Klammere einen sinnvollen Faktor aus.
Rechne dann durch Ausmultiplizieren wieder in den ursprünglichen Term zurück.
Schreibe die Zwischenschritte auf!

a) $3xy + 12xz - 30ax$ = $3x \cdot y + 3x \cdot 4z - 3x \cdot 10a$ = $3x \cdot (y + 4z - 10a)$
$3x \cdot (y + 4z - 10a)$ = $3x \cdot y + 3x \cdot 4z - 3x \cdot 10a$ = $3xy + 12xz - 30ax$

b) $15a - 100b - 10ax$ = $5 \cdot a -$ ______ = ______
______ = ______ = ______

c) $0{,}5xyz - 0{,}5az + 2xz$ = ______ = ______
______ = ______ = ______

9 Ist der Term ein Produkt oder nicht? Kreuze an!
Wenn der Term ein Produkt ist, dann musst Du ausmultiplizieren.
Wenn der Term eine Summe oder Differenz ist, dann musst Du ausklammern.

	Produkt	Summe oder Differenz	
a) $2x + 24$	○	⊗	$2x + 24 = 2(x + 12)$
b) $3(2x + 17 - 1)$	⊗	○	$3(2x + 17 - 1) =$ ______
c) $(2x - 10y) \cdot 4$	○	○	$(2x - 10y) \cdot 4 =$ ______
d) $-12xy(5 + z)$	○	○	$-12xy(5 + z) =$ ______
e) $a - 3ab + 13a$	○	○	$a - 3ab + 13a =$ ______

10 Fülle die Lücken so aus, dass sich wahre Aussagen ergeben.

a) $3x$ <u>z</u> + <u>9</u> $z - 12xz = 3z(x + 3 - 4x)$

b) $13a$ ____ + ____ $b - 26ab$ ____ $= 13a(b + 5b - 2bc)$

c) 10 ____ $(2 - b -$ ____ $b) = 20c - 10bc - 200bc$

d) ____ $x(2z + 11b - d) = -22xz - 121$ ____ $x + 11d$ ____

b	c	5	x
b	−11	20	c

Summen ausmultiplizieren

Multipliziere jeden einzelnen Term der ersten Klammer mit jedem einzelnen Term der zweiten Klammer. Setze dazwischen die passenden Rechenzeichen.

So gehst du vor:	$(4 + 2) \cdot (3 + a)$
1. ausmultiplizieren	$= 4 \cdot 3 + 4 \cdot a + 2 \cdot 3 + 2 \cdot a$
2. einzelne Produkte berechnen	$= 12 + 4a + 6 + 2a$
3. sortieren	$= 4a + 2a + 12 + 6$
4. Terme zusammenfassen	$= 6a + 18$

1 Verbinde die Produkte links mit den passenden Termen rechts.

$(3a + 2) \cdot (4b + 3)$	$12ab + 8b - 9a - 6$
$(-3a - 3) \cdot (4b + 2)$	$12ab + 12b - 6a - 6$
$(3a + 2) \cdot (4b - 3)$	$-12ab - 12b - 6a - 6$
$(3a + 3) \cdot (4b + 2)$	$12ab + 8b + 9a + 6$
$(3a + 3) \cdot (4b - 2)$	$12ab - 8b - 9a + 6$
$(3a - 2) \cdot (4b - 3)$	$12ab + 12b + 6a + 6$

2 Ergänze die leeren Felder in der Rechnung.

a) $(x + 6) \cdot (8 + y) = 8x +$ xy $+ 48 +$ 6 y

b) $(x + 9) \cdot (y - 8) =$ ____ $- 8x +$ ____ $-$ ____

c) $(7 - a) \cdot (b + 6) = 7b +$ ____ $- ab -$ ____ a

d) $(a - 5) \cdot (b + 6) =$ ____ $+ 6a -$ ____ $-$ ____

e) $(x - 4) \cdot (8 + y) = 8x +$ ____ $- 32 -$ ____ y

f) $(8 + a) \cdot (b - c) =$ ____ $- 8c +$ ____ $-$ ____

3 Multipliziere den Term aus. Fülle dafür zuerst die Tabelle aus.

a) Term: $(-5x + 3)(3y - 5)$

·	+3y	−5
−5x	−15xy	
+3	+9y	

$(-5x+3)(3y-5) =$ ____________

b) Term: $(2m - 1{,}5n)(2k + 2)$

·	+2k	+2
+2m		
−1,5n		

$(2m-1{,}5n)(2k+2) =$ ____________

Gleichungen durch Probieren lösen

1 Mit welcher Zahl kannst du die Gleichung lösen? Probiere aus.

$5 \cdot x + 20 = 220$

Ich setze statt x die Zahl … ein.	Ergebnis	Ergebnis = 220?
x = 10	5 · 10 + 20 = 70	nein
x = *15*	*5 · 15 + 20 = 95*	*nein*
x = 20	*5 · 20 +*	

2 Welche Zahl gehört zu welcher Gleichung?
Probiere aus und umrahme beides mit der gleichen Farbe.

5 6 7 8 9 10 11 12 13

99 : *11* = 9 | 125 + 5 · *6* = 155 | ☐ · 13 − 10 = 120 | 4 · ☐ − 12 = 20

68 − ☐ = 55 | 4 · ☐ + 14 = 50 | 93 − ☐ = 86 | 45 : ☐ = 9 | 72 : ☐ = 6

3 Verbinde die Aussagen mit den dazu passenden Gleichungen und die Gleichungen mit der jeweiligen Lösung.

Aussage	Gleichung	Lösung
A Jana multipliziert eine Zahl x mit 4 und addiert dann 25. Sie erhält 37.	(x − 15) : 2 = 3	8
B Jonas subtrahiert 10 vom Fünffachen einer Zahl x und erhält 30.	x · 4 + 25 = 37	7
C Jan bildet das Zehnfache einer Zahl x und addiert dazu 8. Er erhält 78.	10 · x + 8 = 78	3
D Jasmina subtrahiert 15 von einer Zahl x und teilt dann durch 2. Sie erhält 3.	5 · x − 10 = 30	21

Gleichungen mit Umformungen lösen

1 Wie kannst du herausfinden, wie schwer der Karton „y" ist?

a) *Wenn ich auf beiden Waagschalen 7 kg wegnehme, bleiben links 12 kg – 7 kg = ______ übrig. Rechts bleibt dann nur noch der Karton „y". Also ist der Karton ______ schwer, als Gleichung heißt das y = ______ .*

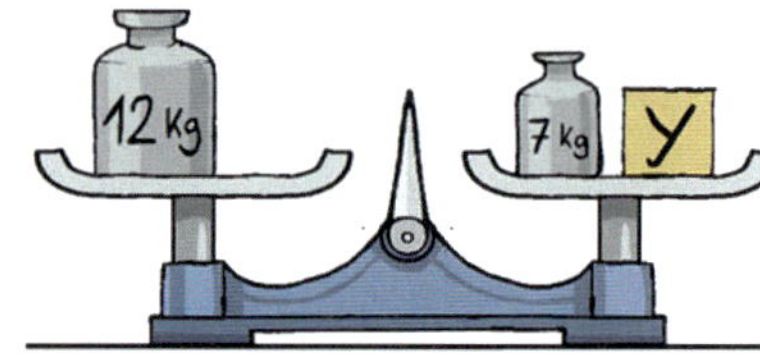

b) *Wenn ich* ______________________ *,*
bleibt links ______________________
Rechts bleiben dann ______________ *. Also*
______________ *, als Gleichung* ______________

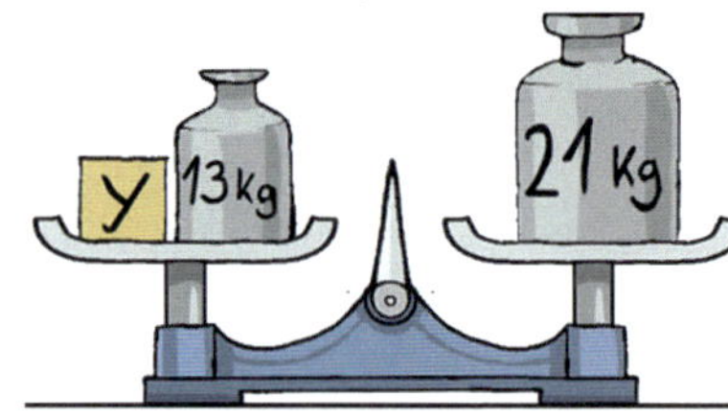

2 Wie viele Kugeln sind genauso schwer wie der Karton „a"?
Beschreibe die Schritte wenn möglich mit einer Gleichung.

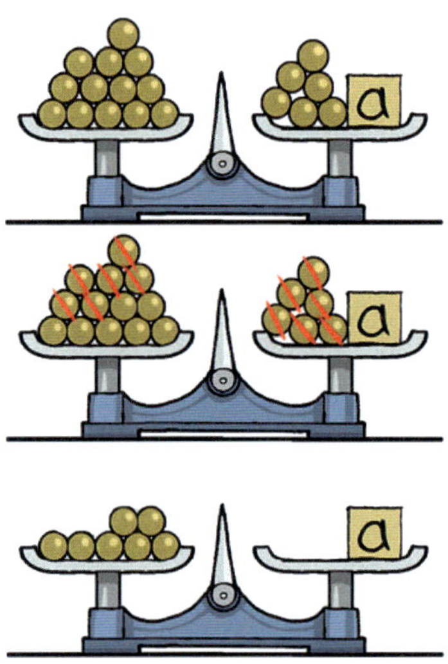

1. *Zuerst stelle ich die Gleichung auf.* ______________________
2. *Danach überlege ich, was zu tun ist, damit die Variable allein steht.*
3. *Hierzu subtrahiere ich* ______________________
4. *Ich rechne aus.* ______________________

3 Schreibe die Sätze zur Umformung einer Gleichung in der richtigen Reihenfolge auf.

Ich kontrolliere mit der Probe.

Ich habe nun die Lösung der Gleichung.

Ich stelle die Gleichung auf.

Ich dividiere beide Seiten durch den Faktor der Variablen, wenn nötig.

Ich forme durch Subtrahieren oder Addieren um, wenn es möglich ist.

1. Ich stelle die Gleichung auf.
2. ______________________
3. ______________________
4. ______________________
5. ______________________

4 Schreibe zu den Abbildungen der Waage die passende Gleichung.
Kontrolliere anschließend mit der Probe.

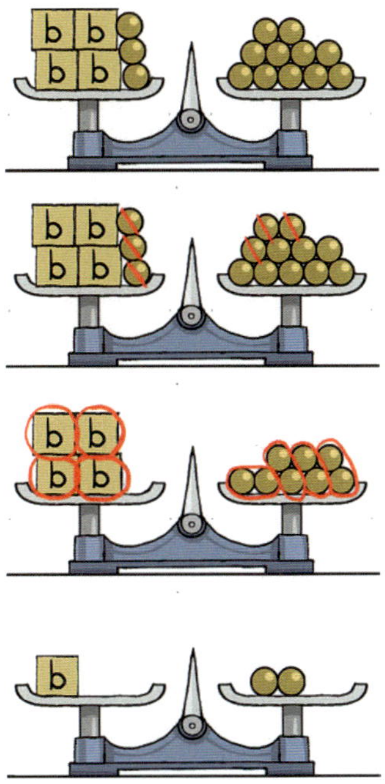

$4b + 3 =$

Probe: $4 \cdot \square + 3 =$

5 a) Ein Quadrat hat einen Umfang von u = 36 cm. Wie lang sind die Seiten?

Rechnung:

Ein Quadrat hat vier gleiche Seiten, der Umfang ist die Summe aller Seiten. Also gilt die Gleichung $u = 4a$. Wenn ich beide Seiten der Gleichung durch 4 teile, erhalte ich $u : 4 = a$
Wenn ich hier den bekannten Umfang u = 36 cm einsetze, bekomme ich

Antwort: *Die Seiten des Quadrats sind* ______ *lang.*

b) Ein Quadrat hat die Seitenlänge 3 cm, ein Rechteck ist doppelt so hoch wie breit. Beide haben denselben Umfang. Wie hoch und wie breit ist das Rechteck? (Angaben in cm)

Rechnung:

Ich schreibe den Umfang des Rechtecks als Term: $u_R = 2x +$

Der Umfang des Quadrats beträgt $u_Q =$

Ich stelle eine Gleichung auf und löse sie: $u_Q = u_R$

Antwort: *Die kurze Seite des Rechtecks ist* ______ *lang, die lange Seite ist* ______ *lang.*

Wenn du Gleichungen umformst, dann machst du auf beiden Seiten immer das Gleiche.
Schreibe bei jedem Schritt das, was du machst, rechts neben einen senkrechten Strich.
Zum Beispiel: „| : 2“ (beiden Seiten durch 2 teilen) oder
„| + 3“ (auf beiden Seiten 3 addieren)

6 Vereinfache zuerst. Löse anschließend die Gleichung.
Notiere jeweils neben dem senkrechten Strich, wie du umformst.

a) $2x - 3 + x = x + 1$ | vereinfachen

$3x - 3 = x + 1$ | $- x$

$2x - 3 = 1$ | $+ 3$

$2x = 4$ | $: 2$

$x = 2$

b) $x + 10 + 4x = 3x + 19 - x$ |

c) $2x + 6 + x = 8 - 2x - 2$ |

7 Löse die Gleichungen. Vereinfache vorher, wenn nötig.

a) $5t + 2 - 2t = 8 + t$

$3t + 2 = 8 + t$

$t = 3$

b) $3 + 5c - 2 = 4c - 2c + 10$

$5c + 1 = 2c + 10$

c) $2 + 3x - x - 8 = x - 3$

d) $8 + 4n - 2 - 4n = 2 + n - 3$

Sachaufgaben mit Gleichungen lösen

Du kannst viele **Sachaufgaben** mit einer Gleichung lösen.
Besonders gut geht das mit dem **6-Schritte-Verfahren**:

1. **Lies die Aufgabe** aufmerksam durch und lege **eine Variable für die gesuchte Zahl** fest.
2. **Bilde Terme**, indem du **Informationen im Text** mathematisch aufschreibst.
3. Stelle mit Hilfe der Informationen im Text **eine Gleichung** auf.
4. **Löse** die Gleichung.
5. **Überprüfe** das Ergebnis.
6. **Formuliere** eine Antwort.

1 12 Flaschen Saft und eine Flasche Brause kosten zusammen 9,80 €.
Brause ist 5 Cent teurer als der Saft.
Bestimme die Preise für eine Flasche Saft und für eine Flasche Brause.

1. Variable?	*Preis für eine Flasche Saft in €: x*
2. Terme?	*Preis für 12 Flaschen Saft: 12x* *Preis für eine Flasche Brause:*
3. Gleichung?	$12x + (x + 0{,}05) =$
4. Gleichung lösen	

5. Probe:	*Preis für* *Preis für* *Gesamtpreis:*
6. Antwort:	*Eine Flasche Saft*

2 Lara kauft 7 Brezeln, 2 mit Kürbiskernen und 5 ohne. Sie zahlt insgesamt 6 Euro. Kürbiskernbrezeln kosten 20 ct mehr als normale. Was kostet eine normale und was eine Kürbiskernbrezel?

1. Variable?	*Preis für eine* *in €:* *b* *Preis für eine* *k*
2. Terme?	*Kürbiskernbrezel:* $b + 0{,}2$ *Gesamtpreis:*
3. Gleichung?	
4. Gleichung lösen	
5. Probe:	
6. Antwort:	

3 Zarah ist dreimal so alt wie Clara aus dem Nachbarhaus. Zusammen sind sie 20 Jahre alt. Wie alt sind die beiden Mädchen?

1. Variable?	*Claras Alter: c* *Zarahs Alter: z*
2. Terme?	*Zahras Alter:* *Beide zusammen:*

3. Gleichungen?	
4. Gleichungen lösen	*Wir setzen das Ergebnis in die Gleichung $z = 3c$ ein:*
5. Probe:	*1. Gleichung:* *2. Gleichung:*
6. Antwort:	*Zahra ist alt.* *Clara*

4 Leon läuft seinen ersten Halbmarathon. Für die ersten 7 km braucht er 42 min. Für die zweiten 7 km braucht er 3 min länger. Auf der restlichen Strecke gibt er alles und er schafft sie in 3 min weniger, als er für die ersten 7 km gebraucht hat. Wie lang hat er insgesamt gebraucht?

1. Variable?	*Minuten für* *Minuten für* *Gesamtdauer:*
2. Terme?	*Minuten für* *Minuten für* *Gesamtdauer:*
3. Gleichung?	
4. Gleichung lösen	
5. Probe:	
6. Antwort:	*Insgesamt hat*

Winkelsumme im Viereck

1

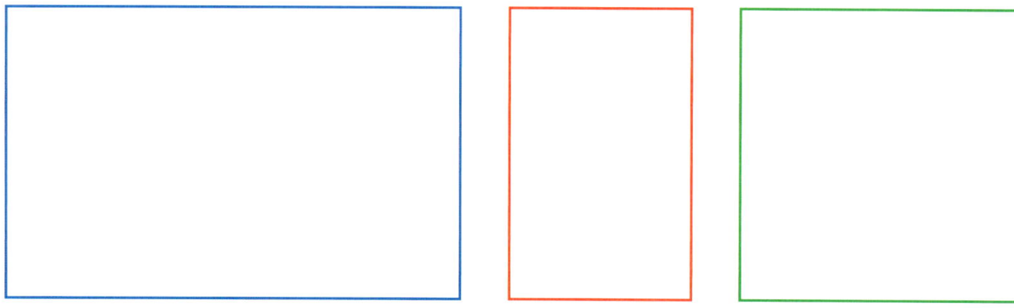

a) Miss die vier Winkel der beiden Rechtecke und des Quadrats. Was ist jeweils die Summe der vier Winkel?

Alle vier Winkel *die Summe*

b) Formulieren einen allgemeinen Satz über die Winkelsumme in Quadraten und anderen Rechtecken:

In Quadraten und anderen Rechtecken

2 Bestimme die Winkelsummen der folgenden Vierecke.
Zerlege die Figur dazu in Dreiecke.
Was weißt du über die Winkelsumme im Dreieck?

Im Dreieck ergeben alle drei Winkel zusammen immer genau ________ .

a)

$2 \cdot 180° = 360°$

b)

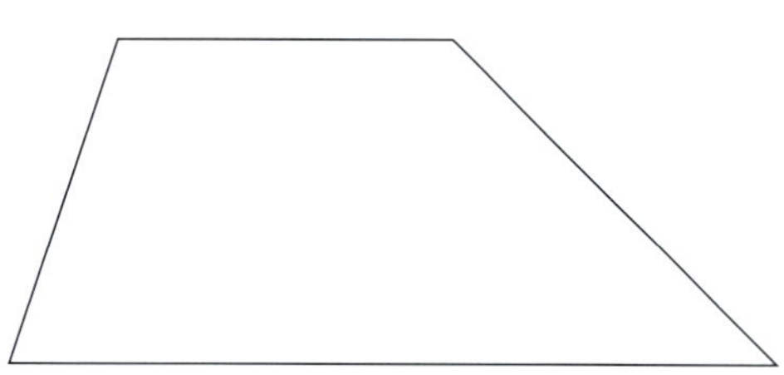

c)

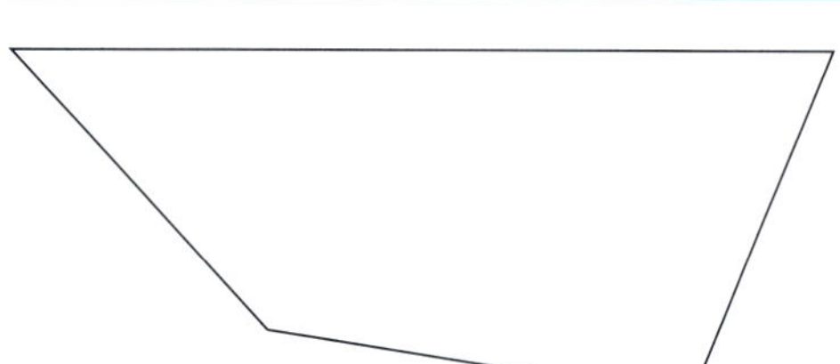

3 Was fällt dir an den Vierecken in Aufgabe **2** auf?

Alle drei Vierecke lassen sich in __________ Dreiecke zerlegen.

Deshalb ist die Winkelsumme jeweils gleich __________.

In jedem Viereck beträgt die Summe aller vier Innenwinkel immer genau 360°.

4 Berechne den fehlenden vierten Winkel im Viereck.

a) α = 50° β = 70° γ = 150° δ = *360° – 50° – 70° – 150° = 90°*

b) α = 80° β = 120° γ = 110° δ = *360° –* __________

c) α = 75° β = 95° γ = 105° δ = __________

d) α = 200° β = 78° γ = 33° δ = __________

5 Berechne die fehlenden Winkel der Vierecke und trage sie in die Tabelle ein.

	α	β	γ	δ
a)	90°	120°	*100°*	50°
b)	75°		150°	80°
c)	112°	48°	70°	
d)		115°	42°	128°
e)	140°	82°	15°	
f)	115°		87°	26°

Ein Parallelogramm ist ein Viereck, bei dem gegenüberliegende Winkel gleich groß sind.

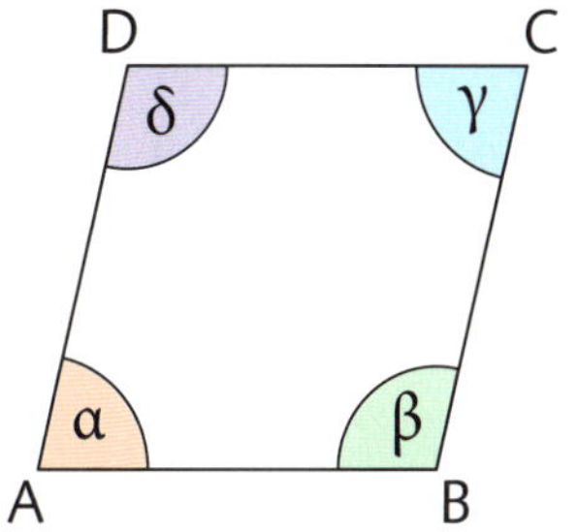

6 Trage die fehlenden Winkelgrößen des Parallelogramms in die Tabelle ein.

	α	β	γ	δ
a)	42°	*180° – 42° = 138°*	*42°*	*138°*
b)	*180° –128° = 52°*	128°		
c)			96°	
d)				67°
e)			117°	
f)		143°		
g)	13°			

Ein Drachenviereck hat zwei gleich große Winkel, die einander gegenüber liegen.

7 Gib jeweils die fehlenden Winkelgrößen des Drachenvierecks an.
Die Winkel β und δ sind jeweils gleich groß, wie du in der Zeichnung erkennen kannst.

	α	β	γ	δ
a)	128°	89°	360° – 2 · 89° – 128° = 54°	89°
b)	14°			112°
c)		14°	205°	
d)			171°	57°
e)	67°			103°

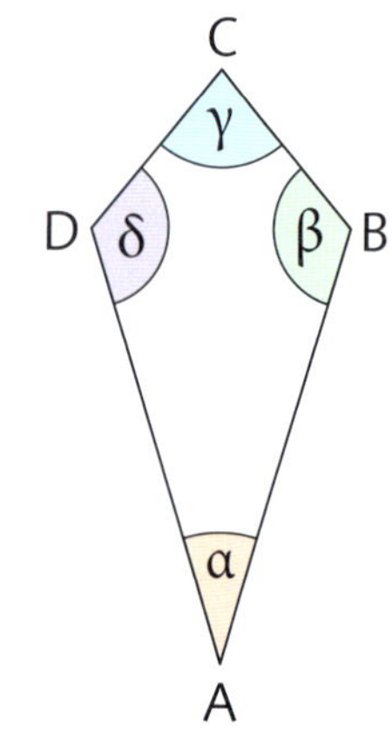

8 Betrachte das Sechseck. Du kannst jetzt entweder alle sechs Winkel messen und zusammenaddieren. Oder du siehst dir noch einmal Aufgabe **2** auf S. 26 an.
Fällt dir ein Weg ein, wie du die Winkelsumme in diesem Sechseck ohne zu messen bestimmen kannst? Ein Tipp: Das geht sogar für jedes beliebige Sechseck!

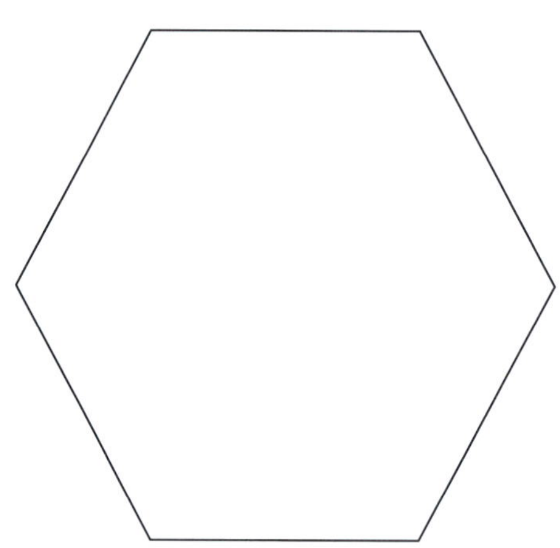

Die Winkelsumme in einem Sechseck beträgt ____________

Erklärung:

Vierecke unterscheiden

1 Im Haus der Vierecke sind alle Viereckarten aufgrund ihrer Eigenschaften angeordnet.
Schreibe die Namen der Vierecke in die jeweilige Fläche.

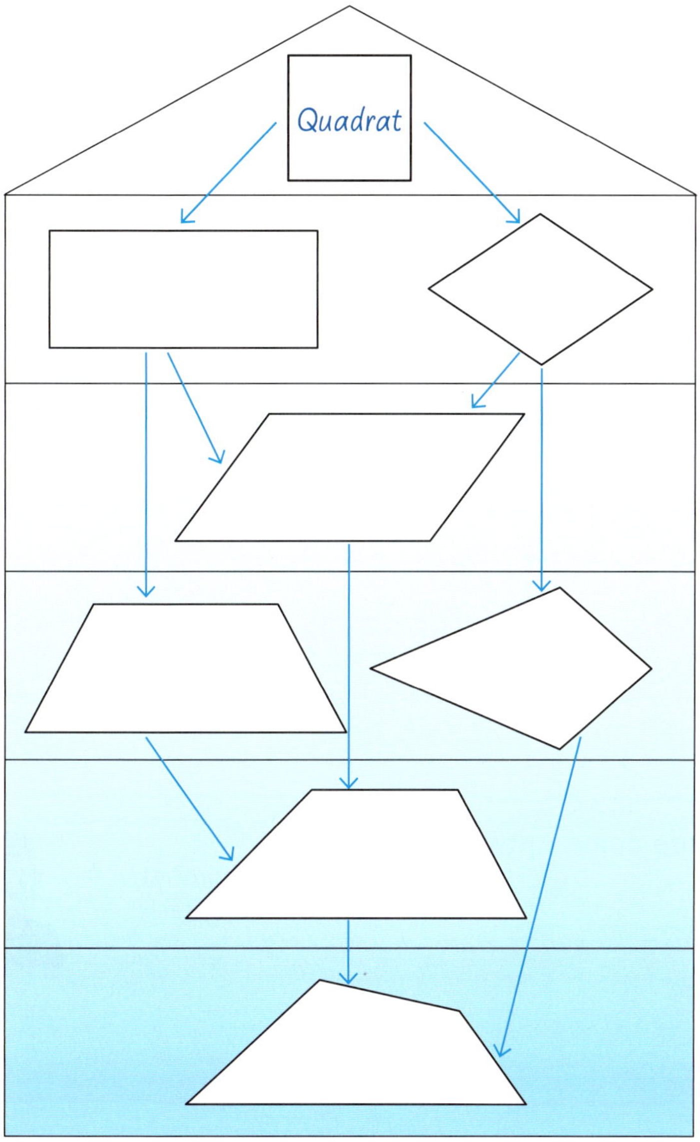

- allgemeines Viereck
- Drachenviereck
- Dreieck
- gleichschenkliges Trapez
- Parallelogramm
- Quadrat
- Raute
- Rechteck
- Trapez

2 Vervollständige die Sätze.

a) Jedes Quadrat ist auch ein ______________ und eine ______________.

b) Jedes Rechteck ist auch ein ______________.

c) Jedes Parallelogramm ist auch ein ______________.

d) Jede Raute ist auch ein ______________ und ein ______________.

e) Jedes Trapez ist auch ein ______________.

f) Jedes Drachenviereck ist auch ein ______________.

g) Jedes gleichschenklige Trapez ist auch ein ______________ und ein ______________.

3 Für welche Vierecke gelten die folgenden Aussagen immer? Kreuze an.

Eigenschaften	Quadrat	Rechteck	Parallelogramm	Raute	Drachenviereck	Trapez	allgemeines Viereck
Die gegenüberliegenden Seiten sind immer gleich lang.							
Die gegenüberliegenden Winkel sind gleich groß.							
Mindestens zwei Seiten sind zueinander parallel.							
Alle Winkel sind gleich groß.							
Mindestens zwei Seiten sind gleich lang.							
Alle Winkel sind rechte Winkel.							
Alle Seiten sind gleich lang.							

4 Stimmen die Aussagen? Begründe deine Antwort.

a) Kenan sagt:

„Jedes Quadrat ist auch ein Rechteck."

b) Lisa sagt:

„Jedes Rechteck ist auch ein Parallelogramm."

c) Paul sagt:

„Jedes Parallelogramm ist ein Rechteck."

5 Zeichne jeweils zwei Vierecke mit den genannten Eigenschaften.
Benenne die Vierecke.

a) Die gegenüberliegenden Seiten sind gleich lang.
Alle Winkel sind rechte Winkel.

Bezeichnung: ______________________

____

b) Die benachbarten Seiten sind immer gleich lang.
Die gegenüberliegenden Winkel sind gleich groß.

Bezeichnung: ______________________

____

6 Finde heraus, wie viele Symmetrieachsen die Vierecke haben.

a) Zeichne sie ein.

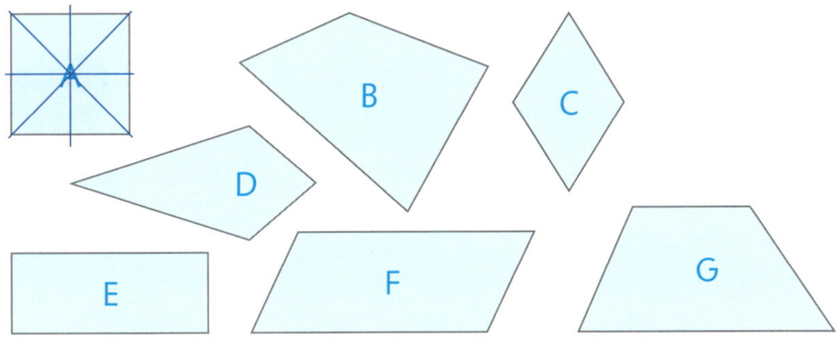

b) Vervollständige die Tabelle.
Begründe jeweils deine Entscheidung.

Viereck	Vierecksart	Anzahl der Symmetrieachsen
A	Quadrat	4
	allgemeines Viereck	
	Rechteck	
	Parallelogramm	
	Drachenviereck	
	Raute	
	Trapez	

Parallelogramm und Raute

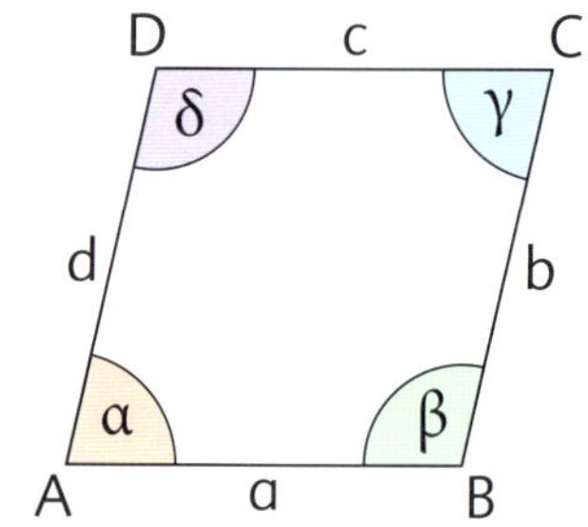

1 Wie bei den Dreiecken gibt es auch für Vierecke einige Regeln, wie man die Seiten, Ecken und Winkel bezeichnet.

Fülle die Felder im Lückentext aus.

Ein Viereck hat vier ___Seiten___, ________ Winkel und ________ ________.

Die Seiten bezeichnet man mit ________ Buchstaben, die Ecken mit ________ Buchstaben.

Für die Winkel nimmt man die ___griechischen___ Kleinbuchstaben ________.

Die Bezeichnung erfolgt immer ________ den Uhrzeigersinn.

Die Seite a ist immer in Umlaufrichtung ________ von der Ecke A und dem Winkel α.

Die Seite b ist immer rechts von der Ecke ________ und dem Winkel ________ und so weiter.

Die griechischen Buchstaben α, β, γ und δ kenne ich schon. Aber wie schreibt man die aus?

Alpha, Beta, Gamma und Delta. „Alpha" klingt aber mehr so wie „Alfa", mein Romeo!

2 Beantworte die Fragen mit ja oder nein!

Aussage	**ja**	**nein**
In einem Parallelogramm sind die Seiten a und c parallel.	☒	○
In einer Raute sind die Seiten a und b gleich lang.	○	○
In einem Parallelogramm sind die Seiten a und c gleich lang.	○	○
In einer Raute sind die Seiten a und b immer parallel.	○	○

3 Miss die Seitenlängen der Parallelogramme und Rauten.

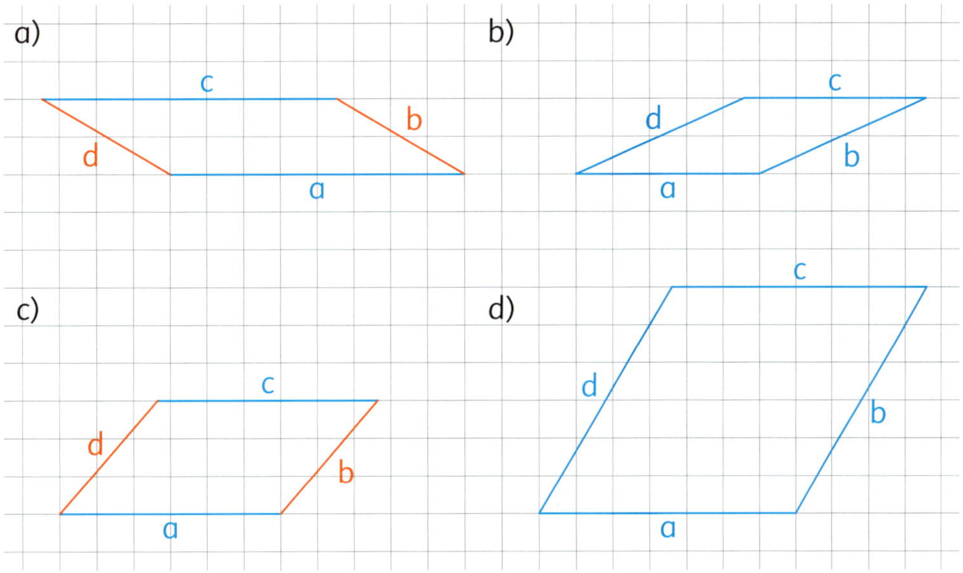

a) a = 4 cm	b =	c =	d =
b) a =	b =	c =	d =
c) a =	b =	c =	d =
d) a =	b =	c =	d =

4 Wie heißen die abgebildeten Figuren?
Schreibe zu beiden Figuren die Formel hin, mit der du den Umfang berechnest.
Miss dann die Seitenlängen und berechne den Umfang.

a)

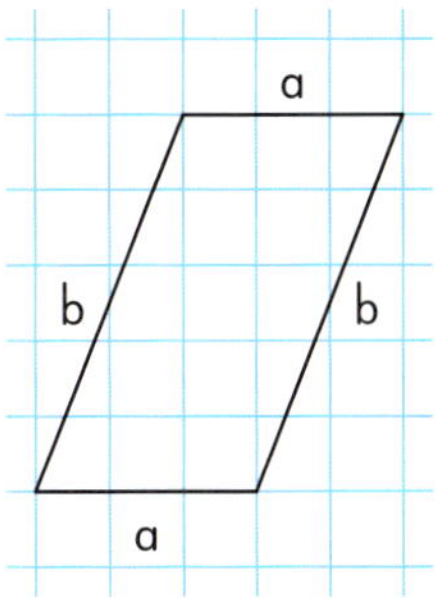

Bezeichnung: *Parallelogramm*

Formel für die Umfangsberechnung:

$u_{▱} = 2 \cdot a + 2 \cdot b$

Berechnung des Umfangs:

a = ___ cm, b = ___ cm

$u_{▱}$ = 2 · ___ cm + 2 · ___ cm

$u_{▱}$ = ___ cm

b)

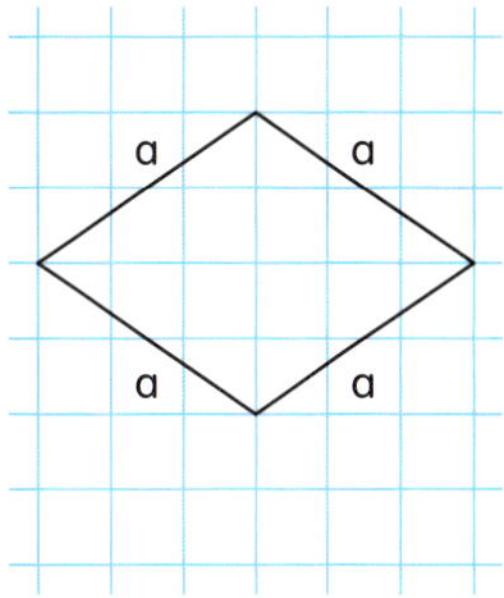

Bezeichnung: *Raute*

Formel für die Umfangsberechnung:

___

Berechnung des Umfangs:

___

5 a) Miss alle Seiten und Winkel in diesem Parallelogramm.

b) Zeichne zu jeder Seite des Parallelogramms eine Parallele im Abstand von 1 cm.
Die Parallelen sollen außerhalb des Parallelogramms liegen.

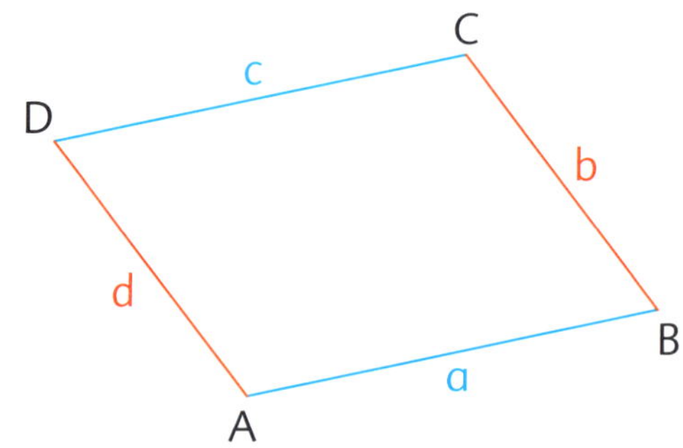

c) Miss die Winkel des neuen Parallelogramms – was fällt dir auf?

So konstruiere ich ein Parallelogramm, wenn a, b und β gegeben sind:

1. Ich zeichne die Seite a zwischen A und B und eine Linie im Winkel β an Ecke B.
2. Ich markiere die Seitenlänge b auf der Linie mit dem Zirkel.
3. Ich zeichne mit dem Geodreieck die Seiten c und d parallel zu a und b und bezeichne die restlichen Ecken.

6 Konstruiere die Parallelogramme.
Fertige zuerst eine Planfigur an.
Beschrifte in den fertigen Parallelogramme die Ecken und Seiten sowie den bekannten Winkel.

a) a = 4,5 cm
b = 3,5 cm
β = 60°

Planfigur:

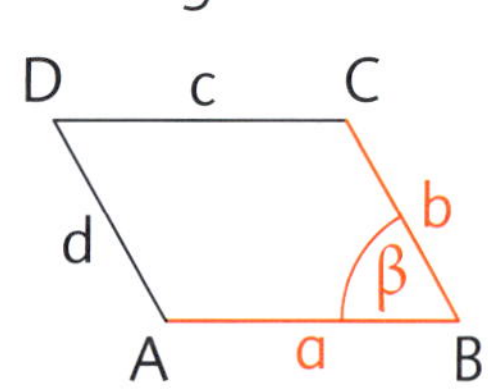

Konstruktion:

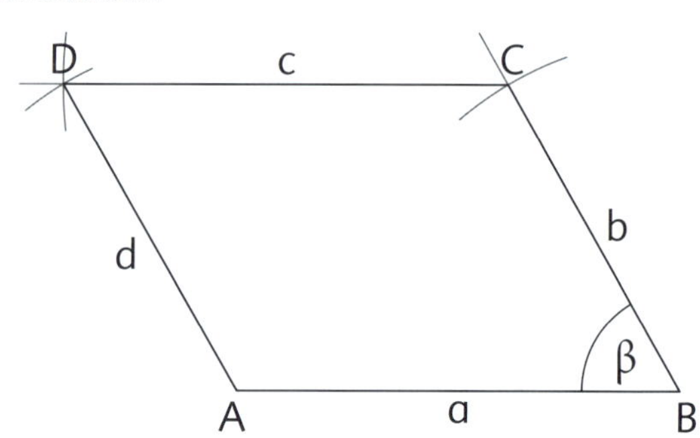

b) b = 4,5 cm
c = 2,5 cm
γ = 54°

Planfigur:

Konstruktion:

Trapez und Drachenviereck

1 Welche Aussagen über ein Trapez stimmen immer?
Kreuze an!

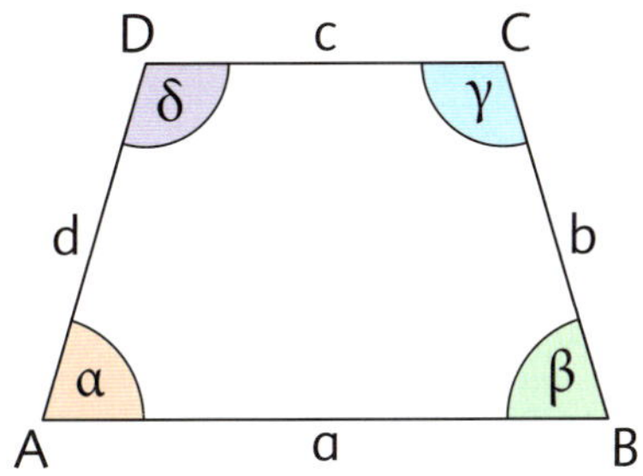

Die Seiten a und c sind parallel.	⊗
Die Seiten a und b sind parallel.	◯
Ein Winkel ist ein rechter Winkel.	◯
Die Winkel β und γ ergeben zusammen immer 180°.	◯
Die Seite b ist länger als die Seite c.	◯
Alle Winkel zusammen ergeben 360°.	◯

2 Welche Seiten bzw. Winkel sind in einem Drachenviereck immer genau gleich groß?

Achtung – zwei Größen haben keinen gleich großen Partner!

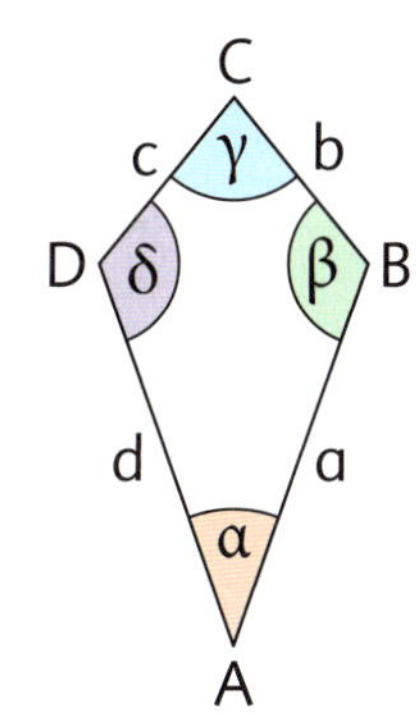

a) Die Seite a ist genauso groß wie die Seite *b* .

b) Die Seite b ist genauso groß wie die Seite ______ .

c) Die Seite c ist genauso groß wie die Seite ______ .

d) Die Seite d ist genauso groß wie die Seite ______ .

e) Der Winkel α ist genauso groß wie der Winkel ______ .

f) Der Winkel β ist genauso groß wie ______ .

g) Der Winkel γ ist genauso groß wie ______ .

h) Der Winkel δ ist genauso groß wie ______ .

3 Wie heißen die abgebildeten Figuren?
Schreibe zu beiden Figuren die Formel hin, mit der du den Umfang berechnest.
Miss dann die Seitenlängen und berechne den Umfang.

a)

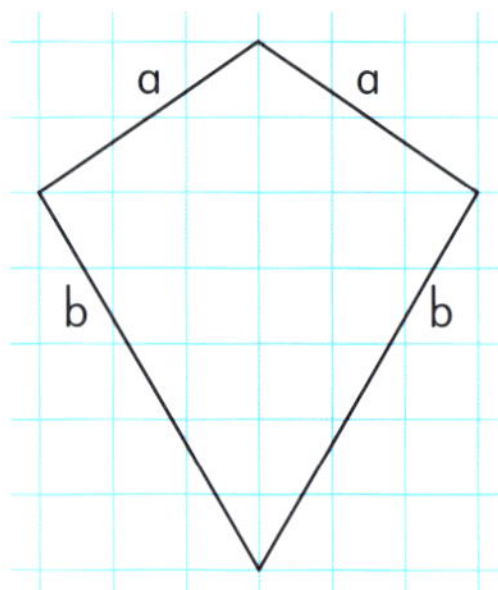

Bezeichnung: *Drachenviereck*

Formel für die Umfangsberechnung:

$u_{\Diamond} = 2 \cdot a + 2 \cdot b$

Berechnung des Umfangs:

$a =$ ____ cm, $b =$ ____ cm

$u_{\Diamond} = 2 \cdot$ ____ cm $+ 2 \cdot$ ____ cm

$u_{\Diamond} =$ ____ cm

b)

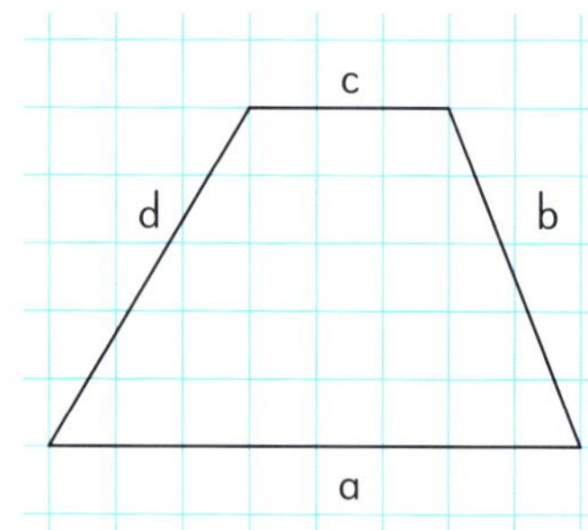

Bezeichnung: *Trapez*

Formel für die Umfangsberechnung:

______

Berechnung des Umfangs:

______

______

______

So konstruierst du ein Trapez.

1 Zeichne die Seite a.
Markiere die Punkte A und B.
Trage in A den Winkel α an.

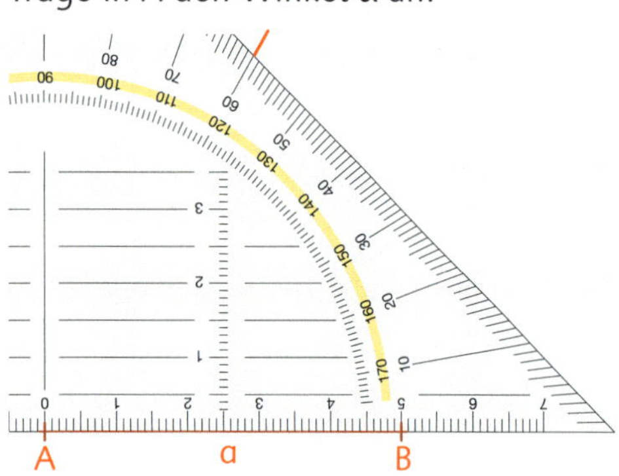

2 Schlage um A einen Kreisbogen mit r = 3 cm.
Der Schnittpunkt mit der Geraden d ist D.

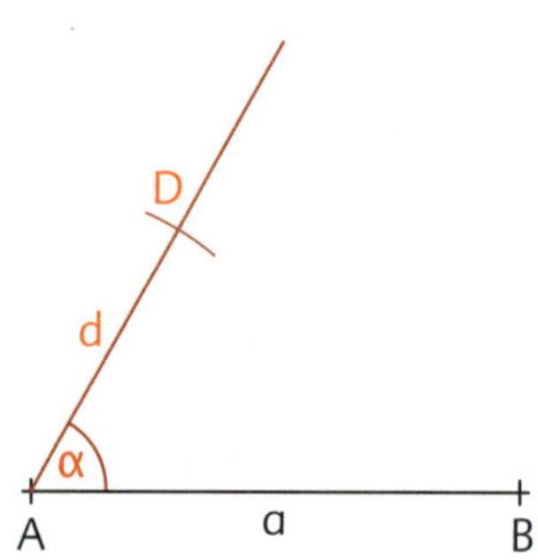

3 Trage in B den Winkel β an.

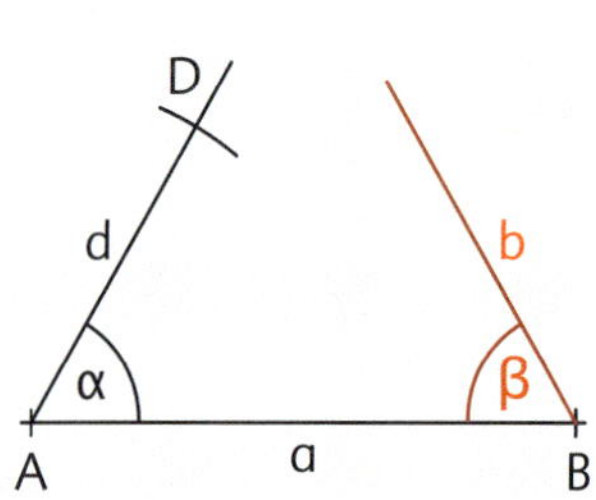

4 Zeichne durch D eine Parallele zu $\overline{AB}$.

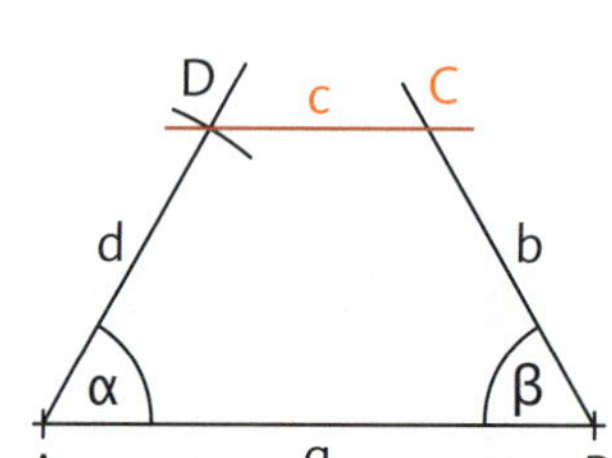

4 Konstruiere die Trapeze.

a) $a = 7\,cm$; $d = 5\,cm$; $\alpha = 70°$; $\beta = 70°$

Planfigur:

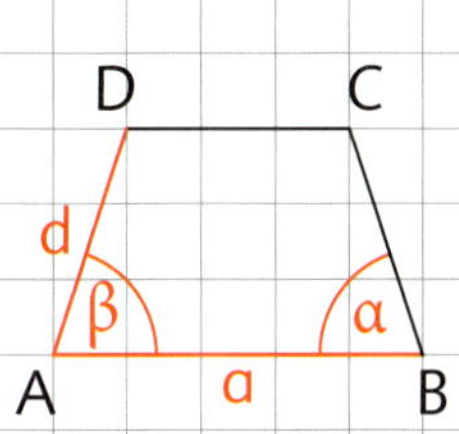

Konstruktion:

b) $a = 5{,}5\,cm$; $d = 3\,cm$; $\alpha = 90°$; $\beta = 48°$

Planfigur:

Konstruktion:

c) $a = 6{,}5\,cm$; $b = 3\,cm$; $\alpha = 50°$; $\beta = 55°$

Planfigur:

Konstruktion:

d) $a = 13\,cm$; $b = 2{,}5\,cm$; $\alpha = 16°$; $\beta = 55°$

Planfigur:

Konstruktion:

Wiederholung: Prozentwert, Prozentsatz und Grundwert

Begriffe beim Prozentrechnen

25 Fahrräder von 125 Fahrrädern sind nicht verkehrssicher. Das sind 20 %.

Prozentwert W — Grundwert G — Prozentsatz p %

Der Grundwert G bezieht sich auf das Ganze. Der Grundwert entspricht 100 %.

Der Prozentwert W ist ein Teil des Ganzen.

Der Prozentsatz p % ist der Anteil des Prozentwerts am Grundwert.

1 Kennzeichne auf den Bildern die Begriffe Grundwert, Prozentwert und Prozentsatz mit der richtigen Farbe.

a)

~~500 €~~
neuer Preis
300 €
Sie zahlen
nur 60 %.

b)

80 % Gewinnchance

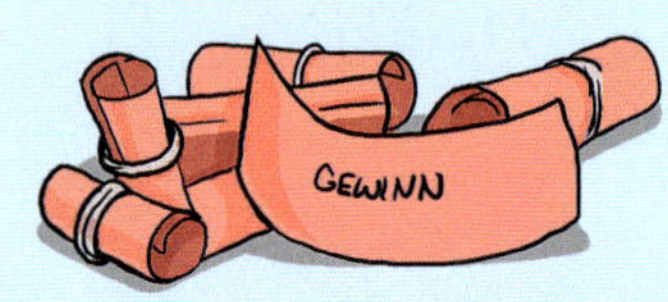

Von 20 Losen sind 16 Gewinne.

c)

Fahrpreis:
4 €
Familientag:
50 % Rabatt
nur **2 €**

d)

300 €
25 % Rabatt
Sie sparen
75 €

2 Juri soll im Garten ein Beet umgraben. Das Beet ist 20 m^2 groß.
Ordne die Begriffe richtig zu.

Grundwert	Prozentwert	Prozentsatz
15 m^2	75 %	20 m^2

Ich habe schon 15 m^2 geschafft. Das sind 75 % des ganzen Beetes.

3 Setze die Begriffe Grundwert G, Prozentwert W und Prozentsatz p % richtig ein.

Der ______________________ entspricht einem Teil vom Ganzen.

Der ______________________ wird in Prozent angegeben.
Er gibt den Anteil des Prozentwerts am Grundwert an.

Der ______________________ entspricht 100 %. Er bezeichnet immer das Ganze.

4 Schreibe auf, was in den Aufgaben gegeben und gesucht ist.

gegeben bedeutet: Diese Angaben sind schon in der Aufgabe vorgegeben.
Es müssen immer zwei Angaben gegeben sein, damit du die dritte berechnen kannst.
gesucht bedeutet: Diese Angabe fehlt noch und muss berechnet werden.

Schreibe so:

gegeben:	*Grundwert G*	*= 100*
	Prozentwert W	*= 25*
gesucht:	*Prozentsatz p %*	*= ?*

Du musst jeweils entscheiden, was in der Aufgabe gegeben und gesucht ist.

a) Die Akkuanzeige des Handys zeigt 30 % an. Bei voller Akkuladung liegt die Laufzeit bei 72 Stunden. Wie lange reicht die Akkuladung noch?

a) ______

b) Ein Bio-Müsliriegel enthält 24,8 g Kohlenhydrate. Das sind 62 % des Gesamtgewichts eines Riegels. Wie viel wiegt der Riegel?

b) ______

c)

c) ______

5 Formuliere eine Sachaufgabe. Welcher Wert muss berechnet werden?

a) 80 % sind 40 €.

gesucht: ______

b) 46 % von 350 km

gesucht: ______

c) 15 € von 30 €

gesucht: ______

Wenn du in der Prozentrechnung eine Aufgabe lösen musst, hast du zwei Möglichkeiten:
Du kannst mit dem **Dreisatz** rechnen oder eine **Formel** benutzen.
Diese Formel lautet: $W = G \cdot p\,\%$.
Wenn du nicht W, sondern G oder p % brauchst, stellst du die Formel um:

$$G = \frac{W}{p\,\%} \qquad p\,\% = \frac{W}{G}$$

6 Gib zuerst den Prozentsatz für den grünen Anteil der geometrischen Figur an.
Berechne dann den gesuchten Wert mit dem Dreisatz.

a) 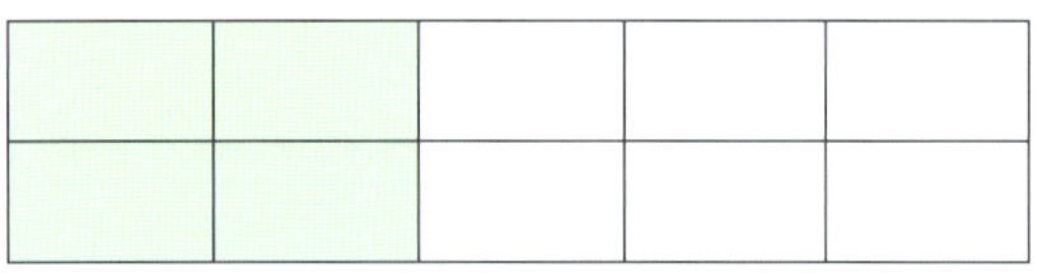

Der grüne Anteil beträgt $\frac{4}{10}$ = 40 % der Fläche.

Insgesamt ist die Fläche 300 m^2 groß.
Wie groß ist die grüne Fläche?

100 % sind 300 m^2

1 % sind ______

b) 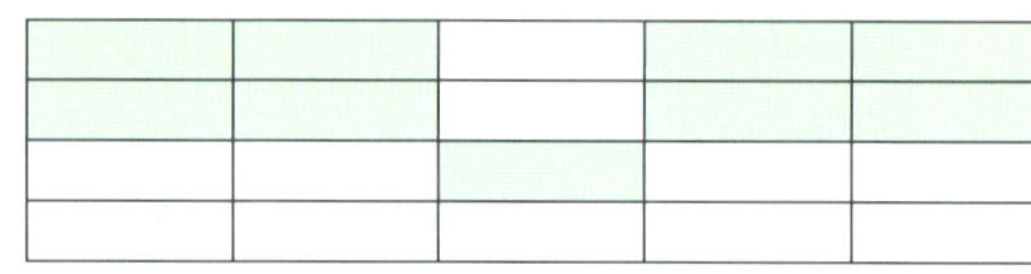

Der grüne Anteil beträgt ______ der Fläche.

Das sind 90 cm^2. Wie groß ist die gesamte Fläche?

______ sind ______ cm^2

7 Jana hat eine Bluse gekauft, die auf 60 % des ursprünglichen Preises herabgesetzt wurde. Sie bezahlte 18 €. Wie viel hat die Bluse ursprünglich gekostet?
Rechne mit dem Dreisatz.

60 % sind ______

Die Bluse hat vorher ______ gekostet.

8 Berechne die fehlenden Werte.
Gib dann die Formel an.

	a)	b)	c)	d)	e)	f)
Grundwert	180 m		60 cm^2	400 km	150 h	
Prozentsatz	10 %	50 %		40 %		30 %
Prozentwert	18 m	130 kg	12 cm^2		90 h	21 t
Formel	$W = G \cdot p\,\%$					

Verminderter und vermehrter Grundwert

Wenn du den Grundwert G um einen Betrag vergrößerst, dann ist der Prozentwert W größer als der Grundwert G.

In so einem Fall nennt man den Prozentwert W einen **vermehrten Grundwert**.

Weil W größer als G ist, ist dann der Prozentsatz p% größer als 100%.

Du berechnest bei einem vermehrten Grundwert den Prozentsatz p %, indem du die Erhöhung des Grundwerts in Prozent ausdrückst und dies dann zu 100% dazuaddierst.

Wow – mehr als 100%!

1 Bestimme den Prozentsatz bei den folgenden Aufgaben mit vermehrtem Grundwert.

	Grund-wert G	Prozent-wert W	Erhöhung in €	Erhöhung in %	Prozent-satz p%
Mikas Handy-Vertrag kostete bisher 8€ im Monat. Jetzt sind es 10€.	8€	10€	2€	$\frac{2€}{8€} = 0{,}25 = 25\%$	100% + 25% = 125%
1 kg Äpfel kostete bisher 2,50€. Jetzt sind es 3,50€.	2,50€				
Die Solaranlage der Schule hat letztes Jahr 2000€ eingebracht. Dieses Jahr sind es 3000€.					
Der FC Knödlingen gab in der 2. Liga 50 Mio.€ pro Jahr aus. In der 1. Liga sind es 150 Mio.€.					

Wenn du den Grundwert G um einen Betrag verringerst, dann ist der Prozentwert W kleiner als der Grundwert G.

In so einem Fall nennt man den Prozentwert W einen **verminderten Grundwert**.

Nun ist der Prozentsatz p % kleiner als 100 %.

Du berechnest bei einem verminderten Grundwert den Prozentsatz p %, indem du die Verringerung des Grundwerts in Prozent ausdrückst und dies dann von 100 % subtrahierst.

2 Bestimme den Prozentsatz bei den folgenden Aufgaben mit vermindertem Grundwert.

	Grund-wert G	**Prozent-wert W**	**Abnahme**	**Verringerung in %**	**Prozent-satz p %**
Charly wog letzte Woche 50 kg. Jetzt wiegt sie 49 kg.	50 kg	49 kg	1 kg	$\frac{1\,kg}{50\,kg} = 0{,}02$ $= 2\,\%$	$100\,\% - 2\,\%$ $= 98\,\%$
Kenans Opa hat vor 10 Jahren 10 kg Äpfel geerntet. Jetzt erntet er 7 kg.					
Die Neue Partei hatte vor 4 Jahren 2000 Stimmen. Jetzt bekam sie nur noch 1200 Stimmen.					
Influencer Hans hatte gestern 10 000 Likes. Heute hat er 100.					

3 Vermehrter oder verminderter Grundwert?

Der Club hat 15 % mehr Mitglieder als letzten Monat. vermehrter Grundwert

Die Jetzt-noch-billiger-Arena hat 10 % weniger Stehplätze. ______ Grundwert

In der Gummibärchen-Packung sind 5 % weniger Gummibärchen. ______ Grundwert

Die Buchungen haben um die Hälfte zugenommen. ______ Grundwert

4 Berechne die neuen Preise.

a) Ein T-Shirt kostete vorher 10 Euro.
Es wurde um 30 % reduziert.

100 % – *30 % = 70 %*

Anteil	Preis
100 %	10,00 €
1 %	*0,10 €*
70 %	*7,00 €*

Das T-Shirt kostet nun *7 €*.

b) Ein Pullover kostete vorher 40 Euro.
Er wurde um 20 % reduziert.

100 % – *20 % = 80 %*

Anteil	Preis
100 %	
1 %	
80 %	

Der Pullover kostet nun ______.

c) Ein Kleid kostete vorher 60 Euro.
Es wurde um 40 % reduziert.

______

Anteil	Preis

Das Kleid kostet nun ______.

d) Eine Jacke kostete vorher 120 Euro.
Sie wurde um 10 % reduziert.

______

Anteil	Preis

Die Jacke kostet nun ______.

5 Berechne die ursprünglichen Preise.

a) Ein Handy wurde um 30 % reduziert.
Es kostet jetzt nur noch 56 Euro.
Wie viel hat es vorher gekostet?

100 % – *30 % = 70 %*

Anteil	Preis
70 %	56,00 €
1 %	*0,80 €*
100 %	

Das Handy kostete vorher ______.

b) Eine Jeans wurde um 40 % reduziert.
Sie kostet jetzt nur noch 42 Euro.
Wie viel hat sie vorher gekostet?

______

Anteil	Preis
1 %	
100 %	

Die Jeans kostete vorher ______.

Zinssatz berechnen

Vitali hat Geld gespart, insgesamt 100 €. Er möchte es bei einer Bank einzahlen, weil er gehört hat, dass es dort „Zinsen" gibt. Er weiß aber nicht genau, was das bedeutet, und fragt die Beraterin Frau Cajera. Diese erklärt ihm:

Zinsrechnung geht genau wie Prozentrechnung – die Dinge haben bloß andere Namen!
Der Grundwert G heißt hier Kapital K, das sind deine 100 €.
Der Anteil davon, also der Prozentwert W, sind hier die Zinsen Z, die bekommst du von der Bank, zum Beispiel 5 €.
Der Prozentsatz p % heißt jetzt Zinssatz, die Abkürzung „p %" benutzen wir auch in der Zinsrechnung. In deinem Fall wären es 5 %.

1 Welche Bezeichnungen aus der Prozentrechnung können denen der Zinsrechnung zugeordnet werden? Verbinde.

Prozentrechnung	Zinsrechnung
Grundwert G	Zinssatz p %
Prozentsatz p %	Kapital K
Prozentwert W	Zinsen Z

2 Markiere in jedem Satz Kapital, Zinsen und Zinssatz mit einem Kringel, einem durchgezogenen oder einem gestricheltem Rechteck.

a) Frau Huber kauft sich ein Auto. Dafür nimmt sie einen Kredit in Höhe von 5000 € auf. Sie zahlt dafür 7 % Zinsen im Jahr. Das entspricht 350 €.

b) Herr Prange hat im Lotto 20 000 € gewonnen und zahlt den Gewinn auf ein Festgeldkonto ein. Er bekommt dafür jährlich 700 € Zinsen. Das entspricht einem Zinssatz von 3,5 %.

c) Oles Bruder hat bei einem Kunstwettbewerb 400 € Preisgeld gewonnen. Für 100 € kauft er sich hochwertige Künstlerfarbe. Die übrigen 300 € zahlt er auf ein Konto ein. Er bekommt einen Zinssatz von 2 % im Jahr. Das entspricht 6 €.

3 Was wird gesucht? Kreuze an.

		Kapital K	Zinsen Z	Zinssatz p %
a)	Kenan hat 500 € zu einem Zinssatz von 1,5 % pro Jahr angelegt.	○	○	○
b)	Greta bekommt auf ihr Guthaben einen Jahreszinssatz von 2 %. Das entspricht 50 €.	○	○	○
c)	Frau Kowalski kauft sich eine neue Waschmaschine. Dafür nimmt sie einen Kredit in Höhe von 1000 € auf. Sie zahlt für den Kredit 80 € Zinsen im Jahr.	○	○	○
d)	Tims Eltern zahlen in einem Jahr einen Kredit über 1800 € ab. Der Zinssatz beträgt 7 %.	○	○	○
e)	Tim hat 400 € auf seinem Konto. Er bekommt dafür jährlich 8 € Zinsen.	○	○	○

4 Formuliere zwei Sätze wie in Aufgabe 3 **b)** bis **e)**.
Hier sind verschiedene Lösungen möglich.

Vitali hat ______________________________

____

Aha! Wenn bei Prozentrechnung und Zinsrechnung nur die Namen anders sind, kann ich ja Zinsen genauso berechnen wie Prozente.
Also mit dem Dreisatz oder mit den drei Formeln.
Wie sehen die jetzt wohl aus ?

$Z = K \cdot p\,\%$, $K = \frac{Z}{p\,\%}$ und $p\,\% = \frac{Z}{K}$

5 Berechne den Zinssatz mit dem Dreisatz.

a) Für 800 € Kapital bekomme ich 16 € Zinsen.

Betrag	Anteil
800 €	100 %
8 €	1 %
16 €	

Der Zinssatz beträgt ______.

b) Für 4000 € Kapital gibt es 200 € Zinsen.

Betrag	Anteil
4000 €	100 %
	1 %
200 €	

Der Zinssatz beträgt ______.

6 Berechne den Zinssatz mit dem Dreisatz.

a) Mit welcher Formel hättest du in Aufgabe **5** auch auf das Ergebnis kommen können?

b) Berechne die Ergebnisse von Aufgabe **5** mit dieser Formel. Kommst du auf dasselbe Ergebnis?

Für 800 € Kapital bekomme ich 16 € Zinsen.

Für 4000 € Kapital gibt es 200 € Zinsen.

7 Berechne den Zinssatz mit dem Dreisatz.

	Kapital	Zinsen	Zinssatz
a)	400 €	16 €	4 %
b)	500 €	25 €	
c)	700 €	21 €	
d)	200 €	8 €	
e)	2500 €	125 €	

8 Berechne für die beiden Angebote **A** und **B** den fehlenden Wert. Vergleiche den Zinssatz bei **A** mit dem Zinssatz bei **B**.

a) **A**

Kapital: 2000 €

Zinsen: 60 €

Zinssatz: %

B

Kapital: 1000 €

Zinsen: 40 €

Zinssatz:

Der Zinssatz bei

b) **A**

Kapital: 500 €

Zinsen: 15 €

Zinssatz:

B

Kapital: 600 €

Zinsen: 15 €

Zinssatz:

Der Zinssatz bei

c) **A**

Kapital: 1200 €

Zinsen: 30 €

Zinssatz: %

B

Kapital: 1600 €

Zinsen: 40 €

Zinssatz:

Der Zinssatz bei

Zinsen und Kapital berechnen

1 Berechne die Zinsen. Verwende den Dreisatz.

a) 400 € werden zu einem Zinssatz von 11 % verzinst.

Anteil	Betrag
100 %	400 €
1 %	4 €
11 %	

Die Zinsen betragen ______ €.

b) 2500 € werden zu einem Zinssatz von 4 % verzinst.

Anteil	Betrag
100 %	2500 €
1 %	
4 %	

Die Zinsen betragen ______ €.

c) 2000 € werden zu einem Zinssatz von 2,5 % verzinst.

Anteil	Betrag
100 %	2000 €
1 %	
2,5 %	

Die Zinsen betragen ______ €.

d) 30 000 € werden zu einem Zinssatz von 7 % verzinst.

Anteil	Betrag
100 %	30 000 €
1 %	
7 %	

Die Zinsen betragen ______ €.

2 a) Mit welcher Formel hättest du in Aufgabe 1 auch auf das Ergebnis kommen können? ______

b) Berechne die Ergebnisse von Aufgabe 1 mit dieser Formel. Kommst du auf dasselbe Ergebnis?

400 € werden zum Zinssatz von 11 % verzinst.

______

2500 € werden zum Zinssatz von 4 % verzinst.

______

2000 € werden zum Zinssatz von 2,5 % verzinst.

______

30 000 € werden zum Zinssatz von 7 % verzinst.

______

3 Jaquelines Tante hat im Lotto 20 000 € gewonnen.
Die A-Bank bietet ihr an, das Geld zu einem Zinssatz von 4 % anzulegen, die Tante würde also hinterher 4 % des Geldes zusätzlich ausgezahlt bekommen.
Dafür verlangt die A-Bank aber eine Bearbeitungsgebühr von 300 €.
Die B-Bank bietet stattdessen nur 3 % Zinsen, aber ohne Bearbeitungsgebühr.
Welches Angebot würdest du wählen, wenn du Jaquelines Tante wärst?

Rechnung:

A-Bank

20 000 € werden zum Zinssatz

Z = 20 000 € ·

B-Bank

Auszahlung der A-Bank: *20 000 €*

Auszahlung der B-Bank:

Antwort:

4 Berechne das Kapital, mit dem Vitali arbeitet. Verwende den Dreisatz.

a) Zinssatz: 3 %, Zinsen: 15 €

Anteil	Betrag
3 %	15 €
1 %	*5 €*
100 %	

Das Kapital beträgt ______ €.

b) Zinssatz: 2 %, Zinsen: 24 €

Anteil	Betrag
2 %	24 €
1 %	
100 %	

Das Kapital beträgt ______ €.

c) Zinssatz: 5 %, Zinsen: 12 €

Anteil	Betrag
5 %	12 €
1 %	
100 %	

Das Kapital beträgt ______ €.

d) Zinssatz: 11 %, Zinsen: 121 €

Anteil	Betrag
11 %	121 €
1 %	
100 %	

Das Kapital beträgt ______ €.

5 a) Mit welcher Formel hättest du in Aufgabe 4 auch auf das Ergebnis kommen können? ______

b) Berechne die Ergebnisse von Aufgabe 4 mit dieser Formel. Kommst du auf dasselbe Ergebnis?

Zinssatz: 3 %, Zinsen: 15 €

______

Zinssatz: 2 %, Zinsen: 24 €

______

Zinssatz: 5 %, Zinsen: 12 €

______

Zinssatz: 11 %, Zinsen: 121 €

______

6 Vitalis Großvater hat vor einiger Zeit Geld bei seiner Sparkasse angelegt. Er konnte einen guten Vertrag aushandeln und hat 6 % Zinsen bekommen. Heute ist „Zahltag", die Sparkasse überweist ihm das eingezahlte Geld und dazu 1200 € an Zinsen.
Wie viel Geld hat Vitalis Großvater bei seiner Sparkasse angelegt?

Rechnung:

1200 € Zinsen werden ausgezahlt, der Zinssatz war ______

______

Antwort: ______

7 Auch wenn man bei einer Bank Geld ausleiht, muss man Zinsen zahlen – nur zahlt diesmal die Kundin oder der Kunde die Zinsen an die Bank.

Herr Schmidt leiht sich Geld bei seiner Hausbank.
Der Zinssatz für diesen Kredit liegt bei 5 %.
Als er das Geld nach einem Jahr zurückzahlt, sind Kreditzinsen von 500 € fällig.
Wie viel Geld hat Herr Schmidt von der Bank geliehen?
(Man nennt diesen Betrag auch die „Kreditsumme".)

Rechnung:

500 € Kreditzinsen sind fällig, Zinssatz: ______ *K =* ______

Antwort: ______

Vermischte Aufgaben zur Zinsrechnung

1 Vermehrter oder verminderter Grundwert? Kreuze an.

		vermehrter Grundwert	verminderter Grundwert
a)	Kenan bekommt 5 % mehr Taschengeld.	○	○
b)	Der Preis für Telefonate ins Ausland ist um 10 % gefallen.	○	○
c)	Juri verdient in seinem Nebenjob 2,5 % mehr als im letzten Monat.	○	○
d)	Der Preis für einen Liter Benzin ist um 7 % gestiegen.	○	○

2 Berechne den Preis für den Pullover und für die Hose.

Pullover:

100 % =

Hose:

3 Ergänze die Tabelle. Nutze den Taschenrechner.

	Grundwert	Zunahme/ Abnahme in %	vermehrter/verminderter Grundwert in %	vermehrter/ verminderter Grundwert in €
a)	100 €	*– 20 %*	80 %	*80 €*
b)	50 €	+ 5 %	*105 %*	
c)	200 €	*+ 20 %*	120 %	
d)	1000 €	– 25 %		
e)	2130 €		112 %	
f)	720 €	– 8 %		
g)	1280 €		77 %	
h)	512 €	+ 19 %		

4 Kreuze an was gesucht ist. Löse anschließend.

a) Herr Max nimmt einen Kredit über 5 390 € auf und zahlt 8 % Zinsen pro Jahr. ○ K ⊗ Z ○ p

b) Frau Duden legt 2 200 € fest an und erhält nach einem Jahr 46,20 € Zinsen. ○ K ○ Z ○ p

c) Kerstens Opa erhält nach einem Jahr 64,50 € Zinsen bei einem Zinssatz von 1,95 %. ○ K ○ Z ○ p

a) $Z = \frac{K \cdot p}{100} = \frac{5390 \cdot 8}{100} =$

5 Lena hat 500 € auf ihrem Konto. Sie bekommt dafür im Jahr 12,50 € Zinsen.

Welche Werte sind gegeben? Welcher Wert wird gesucht?

gegeben: ______________ gesucht: ______________

____

6 Familie Pranke nimmt einen Kredit über 5 000 € auf und zahlt dafür 250 € Zinsen.

a) Berechne, wie hoch der Zinssatz ist, den Familie Pranke für ihren Kredit bezahlen muss.

Betrag in €	Prozentsatz p %
5 000	100

b) Formuliere die passenden Sätze im Dreisatz.

______________ sind ______________

______________ sind ______________

______________ sind ______________

Antwort: ______________________________

____

Formel zur Berechnung des Zinssatzes p %:	Formel zur Berechnung der Zinsen Z:	Formel zur Berechnung des Kapitals K:
$p\,\% = \frac{Z}{K}$	$Z = K \cdot p\,\%$	$K = \frac{Z}{p\,\%}$

7 Berechne mit der jeweils passenden Formel.

a) 28 € von 560 €

gegeben: Z = 28 €

K = 560 €

gesucht: p % = ?

$p\,\% = \frac{Z}{K} = \frac{28\,€}{560\,€} = 5\,\%$

b) 2 % auf 200 €

gegeben: K = 200 €

gesucht:

c) 3 % sind 240 €.

gegeben:

gesucht:

d) Denke dir zwei eigene Aufgaben aus und berechne sie mit der passenden Formel.

gegeben:

gesucht:

gegeben:

gesucht:

Jahres- und Monatszinsen

Unsere Bank bietet 3 % Zinsen, wenn ich dort Geld für 1 Jahr anlege. Was ist, wenn ich es nur für halbes Jahr anlegen möchte?

Dann bekommst du auch nur die Hälfte der Zinsen. Die Zinsen werden dann umgerechnet auf den Teil des Jahres, in dem du der Bank das Geld gibst.

Das ist aber schwer auszurechnen, die Monate sind ja unterschiedlich lang!

Nein. Die Banken machen es sich einfacher.

Ein Bankjahr hat immer 360 Tage und ein Bankmonat dauert immer genau 30 Tage. Deshalb zahlt man pro Monat ein Zwölftel der Jahreszinsen.

1 Berechne erst die Jahreszinsen, dann die Zinsen für die angegebenen Monate.

a) Kapital: 4000 €; Zinssatz: 3 %; Zinsen für 7 Monate = ?

Jahreszinsen:

Zinssatz (in %)	Jahreszinsen (in €)
100	4000
1	$\frac{4000}{100} = 40$
3	$3 \cdot 40 = 120$

Monatszinsen:

Monate	Monatszinsen (in €)
12	120
1	$\frac{120}{12} =$
7	

Die Zinsen betragen für ein Jahr 120 €, für 7 Monate ______ €.

b) Kapital: 3000 €; Zinssatz: 6 %; Zinsen für 10 Monate = ?

Jahreszinsen:

Zinssatz (in %)	Jahreszinsen (in €)
100	
1	

Monatszinsen:

Monate	Monatszinsen (in €)
12	

Die Zinsen betragen für ein Jahr ______ €, für 10 Monate ______ €.

2 Herr Müller hat 6000 € für zwei Monate bei seiner Sparkasse angelegt. Die Jahreszinsen sind 120 €. Wie viel bekommt er an Zinsen?

Anteil	Antwort

Prismen erkennen und zeichnen

1

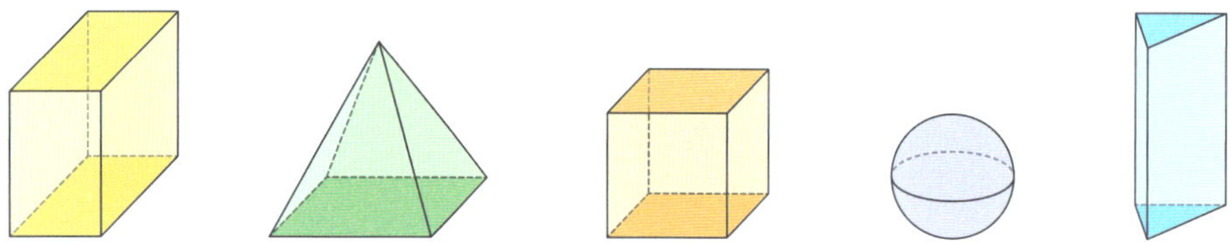

1 2 3 4 5

Du siehst in der Abbildung fünf Körper.

Vier davon kennst du wahrscheinlich aus dem Unterricht oder dem Alltag.

Den fünften Körper kennst du vielleicht auch schon.

Wenn nicht, wirst du ihn auf den nächsten Seiten kennenlernen.

Wie heißen die Körper?

1 *Quader* 2 ______ 3 ______ 4 ______ 5 ______

Bei einem Prisma sind **Grundfläche** und **Deckfläche** genau **gleich**.
Die **Seitenflächen** sind **Rechtecke**, die auf den Seiten von Grund- und Deckfläche senkrecht stehen.
Ein Prisma mit Dreiecken als Grund- und Deckfläche heißt auch **Dreiecksprisma**.

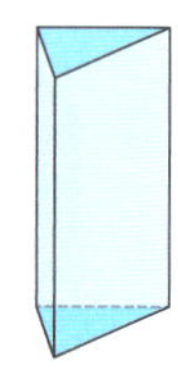

Man sagt übrigens nicht „Prismas", wenn man mehr als eins hat, sondern „Prismen".

2 Ergänze den Lückentext.

Streiche alle Worte durch, die du schon eingesetzt hast.

Dreiecksprisma	Seitenflächen	Würfel	Quader	Rechteck	~~Grundfläche~~

Ein Prisma hat immer zwei Seiten, die genau gleich aussehen:
Grundfläche und Deckfläche.

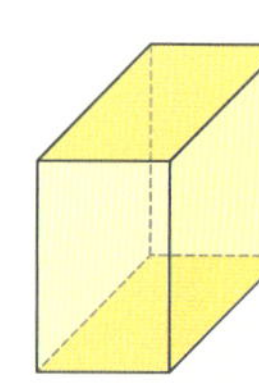

Wenn das zwei Dreiecke sind, nennt man das Prisma ein
______.

Eine andere Art von Prisma kennst du auch schon: Stell dir vor, du nimmst ein Rechteck als Grundfläche. So ein „Vierecksprisma" ist einfach ein ______: Alle Flächen (Grundfläche, Deckfläche und ______) sind Rechtecke und es gibt überall nur rechte Winkel.

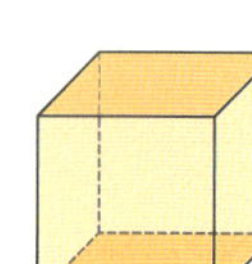

Weil ein Quadrat auch ein ______ ist, ist ein ______ auch ein Quader und damit auch ein Vierecksprisma.

3 Wahr oder falsch? Kreuze an.

Aussage	wahr	falsch
Auf der Oberfläche eines Dreiecksprismas gibt es genau 2 Dreiecke.	⊗	○
Ein Dreiecksprisma hat 6 Ecken, oben 3 und unten 3.	○	○
Ein Würfel ist auch ein Dreiecksprisma.	○	○
Ein Quader ist auch ein Vierecksprisma.	○	○
Ein Dreiecksprisma hat nur Dreiecke als Seitenflächen.	○	○
Ein Dreiecksprisma hat 30 Kanten.	○	○
Es gibt Schokoladenpackungen in Form von Dreiecksprismen.	○	○

Mit einem Schrägbild kannst du einen Körper wie einen Quader oder ein Dreiecksprisma auf einem Blatt Papier sauber zeichnen.

So gehst du vor:

- Du zeichnest die Vorderseite des Körpers wie gewohnt.
- Dann zeichnest du alle Linien, die „nach hinten" zeigen, in halber Länge und in einem Winkel von 45°.
- Zum Schluss zeichnest du die Rückseite wieder in den richtigen Längen und Winkeln.
- Tipp: Zeichne alle Linien, die du nicht sehen kannst, gestrichelt.

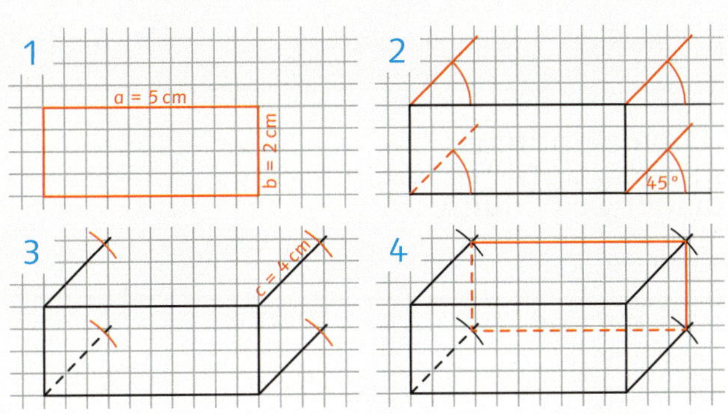

Seitenlängen:

a = 5 cm

b = 2 cm

c = 4 cm (als 2 cm gezeichnet!)

4 Zeichne Schrägbilder von Quadern mit den angegebenen Kantenlängen.

a) a = 45 mm, b = 20 mm, c = 40 mm **b)** a = 55 mm, b = 30 mm, c = 50 mm

c) a = 30 mm, b = 35 mm, c = 45 mm **d)** a = 40 mm, b = 40 mm, c = 40 mm

a)

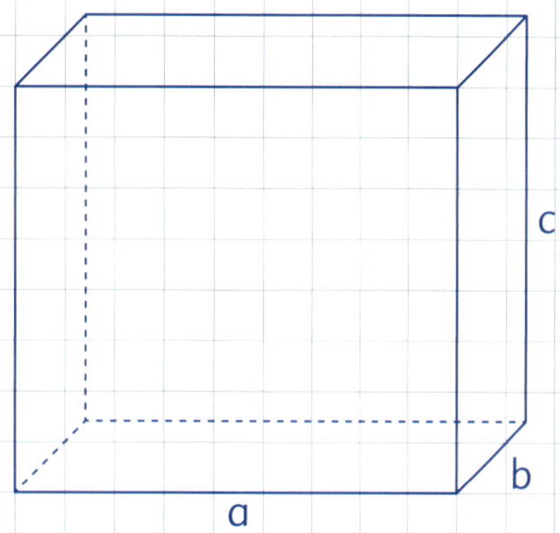

b)

c)

d)

5 Vervollständige das Schrägbild des Dreiecksprimas.
Miss die Längen und notiere sie in deiner Zeichnung.

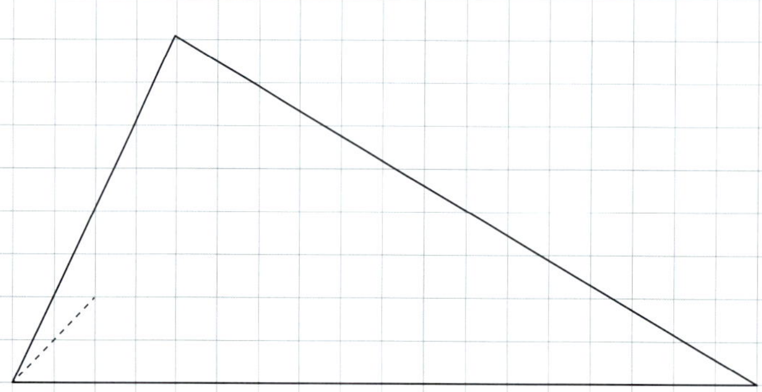

Netze von Prismen

Das Körpernetz eines Würfels

Schneidet man einen Körper entlang seiner Kanten auf, so entsteht ein Körpernetz. Das Körpernetz darf dabei nicht in mehrere Teile zerfallen.

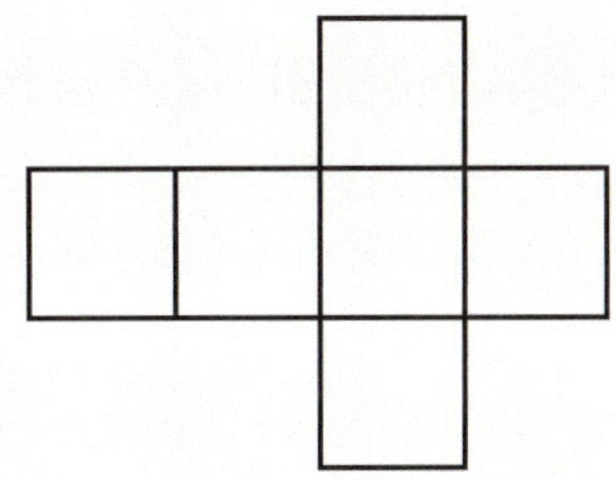

1 Würfelnetz – ja oder nein?

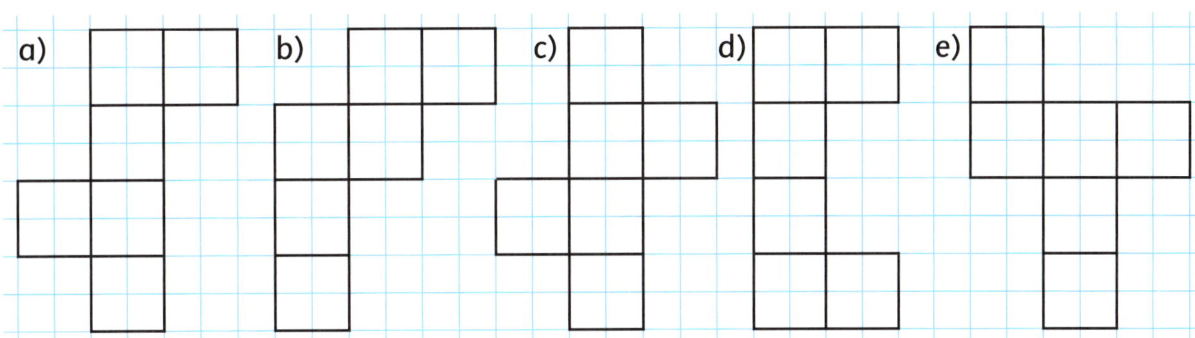

a) ◯ ja ◯ nein b) ◯ ja ◯ nein c) ◯ ja ◯ nein d) ◯ ja ◯ nein e) ◯ ja ◯ nein

Das Körpernetz eines Quaders

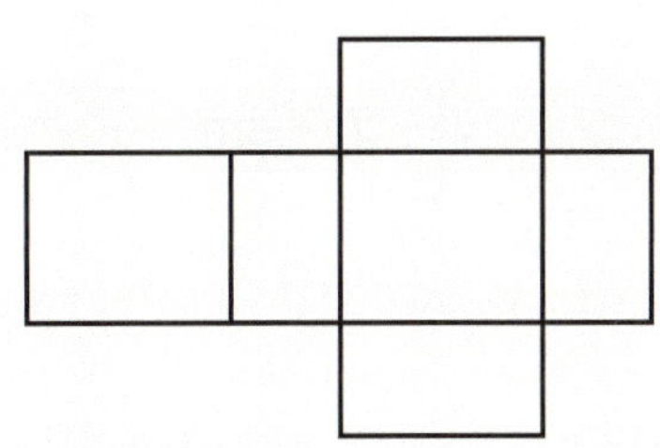

2 Welche Flächen des Quaders liegen sich gegenüber?
Male sie in der gleichen Farbe an.

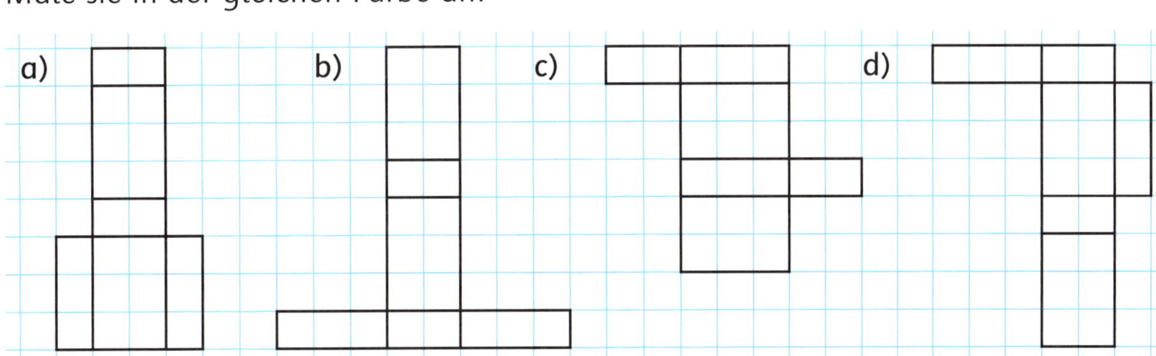

Den Abstand zwischen der Grundfläche und der Deckfläche eines Prisma nennt man die **Körperhöhe** des Prismas.

3 Das Bild zeigt das Netz eines Prismas. Fülle die Lücken im Text.

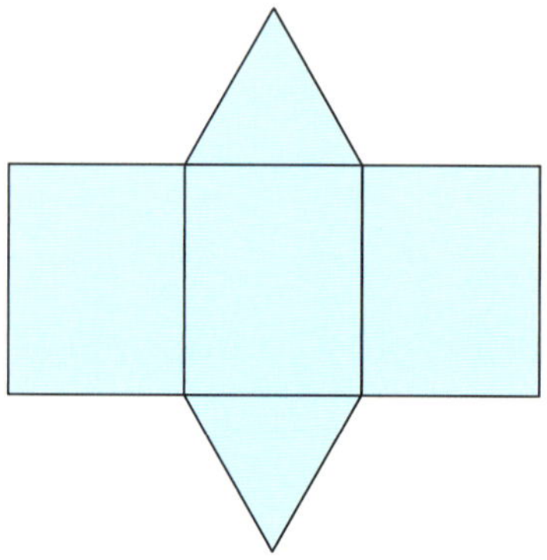

Das Prisma ist ein *Dreiecksprisma*.
Sein ____________ setzt sich aus zwei Arten von Teilflächen zusammen:
zwei gleichseitigen Dreiecken und
____________. Zwischen den beiden Arten von Teilflächen besteht die folgende Beziehung:

Die ____________ Seiten der Rechtecke sind gleich den ____________, die langen ____________ sind gleich der ____________ des Prismas.

4 Gegeben ist eine Schrägbildskizze eines Prismas mit Maßangaben.
Zeichne ein Netz dieses Prismas. Beschrifte die Seiten.

Skizze:

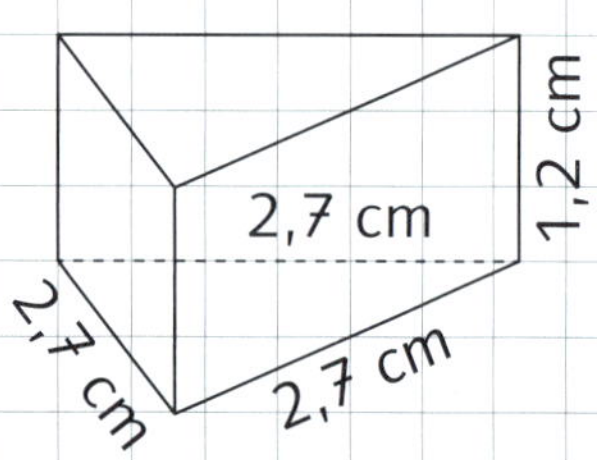

5 Gegeben ist das folgende Netz:

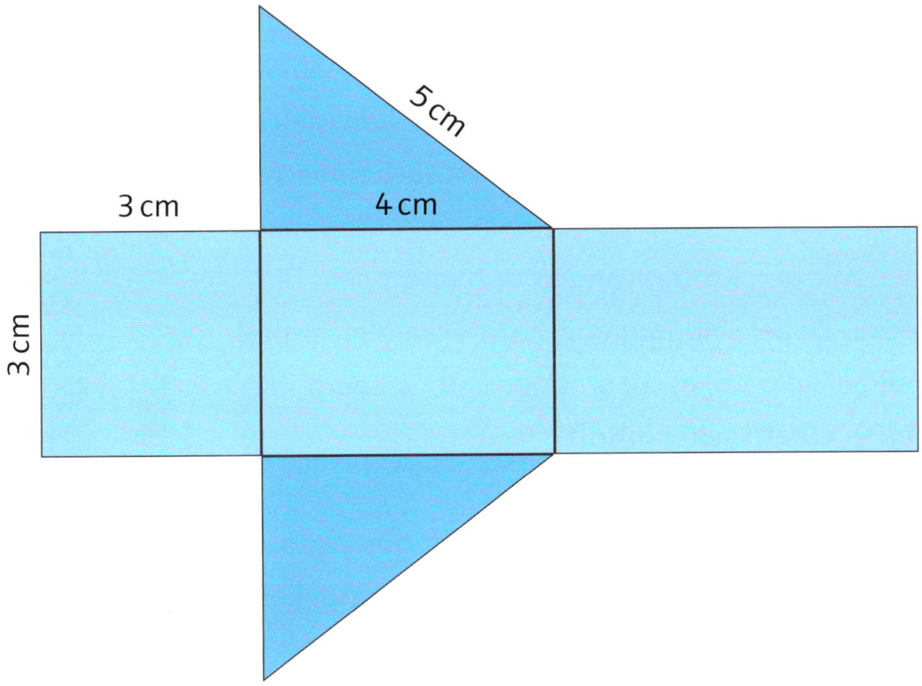

a) Um was für einen Körper handelt es sich? *Es handelt sich um* ______

b) Zeichne ein Schrägbild dieses Körpers.
Eine der Dreiecksflächen soll „vorne" sein, also in der Papierebene liegen.

c) Wo befindet sich die Körperhöhe des Dreiecksprismas?
Welche Länge hat die Höhe in Wirklichkeit?

______

______

Die Körperhöhe eines Prismas muss nicht immer nach oben zeigen.
Wenn man es „umkippt", zeigt die Grundfläche nach vorne und die Deckfläche nach hinten.
Dann zeigt die Körperhöhe in die Papierebene hinein.
Aber egal wie das Prisma steht oder liegt – die Körperhöhe verbindet immer Grund- und Deckfläche.

Oberflächeninhalt berechnen

Der Oberflächeninhalt eines Körpers ist die Summe von allen Seitenflächen.

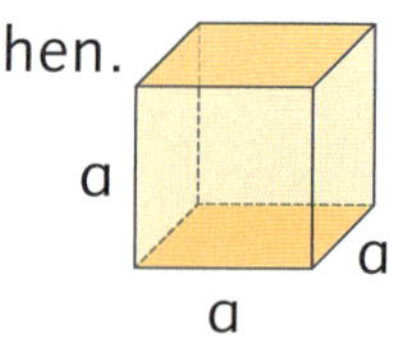

- Bei einem Würfel mit **Kantenlänge a** sind alle 6 Seiten gleich große **Quadrate** mit der Fläche a^2. Der **Oberflächeninhalt eines Würfels** ist $6a^2$.

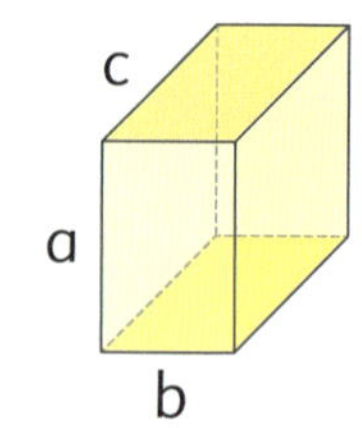

- Bei einem Quader mit den **Kantenlängen a, b und c** sind die 6 Seiten **Rechtecke**. Dabei sind immer 2 Rechtecke gleich groß, ihre Flächeninhalte sind $a \cdot b$, $a \cdot b$, $a \cdot c$, $a \cdot c$, $b \cdot c$ und $b \cdot c$.
  Ein **Quader** hat den **Oberflächeninhalt** $2 \cdot (a \cdot b + a \cdot c + b \cdot c)$.

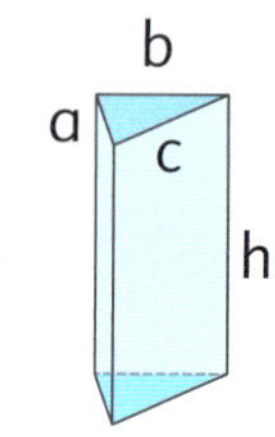

- Ein Dreiecksprisma mit der **Körperhöhe h** besteht aus **2 gleichen Dreiecken** mit den Seitenlängen a, b und c und **3 Rechtecken**.
  Eine Seitenlänge dieser Rechtecke ist immer die Körperhöhe des Prismas, die andere ist eine Dreiecksseite. Wenn die Fläche der Dreiecke jeweils gleich $A_\triangle$ ist, hat das **Dreiecksprisma** deshalb den **Oberflächeninhalt** $\mathbf{2A_\triangle + h \cdot a + h \cdot b + h \cdot c} = 2A_\triangle + h \cdot (a + b + c)$.

1 Wahr oder falsch? Kreuze an.

Aussage	wahr	falsch
Die Oberfläche eines Würfels besteht aus 6 Quadraten.	⊗	○
Die Oberfläche eines Quaders besteht aus 6 Rechtecken.	○	○
Die Oberfläche eines Dreiecksprismas besteht aus 6 Dreiecken.	○	○
Ein Dreiecksprisma hat nur Dreiecke als Seitenflächen.	○	○
Die Oberfläche eines Dreiecksprismas enthält 3 Rechtecke.	○	○
Wenn ich den Oberflächeninhalt des Dreiecksprismas ausrechne, multipliziere ich die Fläche des Dreiecks mit 3.	○	○
Die Körperhöhe eines Dreiecksprismas zeigt immer nach oben, egal ob ich es aufstelle oder hinlege.	○	○

Die **Seitenflächen** von einem Prisma umhüllen das Innere des Prismas wie ein Mantel: oben schaut der Kopf (die Deckfläche) heraus, unten die Füße (die Grundfläche).
Deshalb nennt man diese Fläche auch die **Mantelfläche**.
Bei einem Dreiecksprisma hat die Mantelfläche den Flächeninhalt $h \cdot (a + b + c)$.
Das ist das Produkt aus der **Körperhöhe h** des Prismas und dem **Umfang** $\mathbf{u = a + b + c}$ der dreieckigen Grund- und Deckfläche.

Flächeninhalt eines Dreiecks

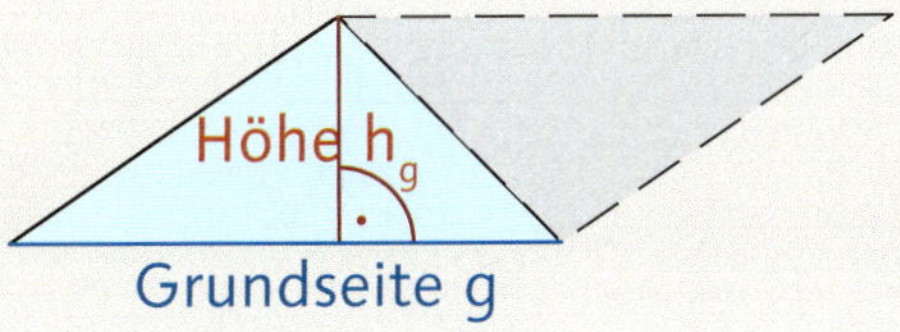

$\text{Flächeninhalt}_\triangle = \text{Grundseite} \cdot \text{Höhe}_g : 2$

$A_\triangle = g \cdot h_g : 2$

Das Halbieren darf ich nicht vergessen!

2 Zeichne in die Dreiecke die Grundseite g in Blau und die zugehörige Höhe h_g in Rot ein. Berechne anschließend den Flächeninhalt.

a)

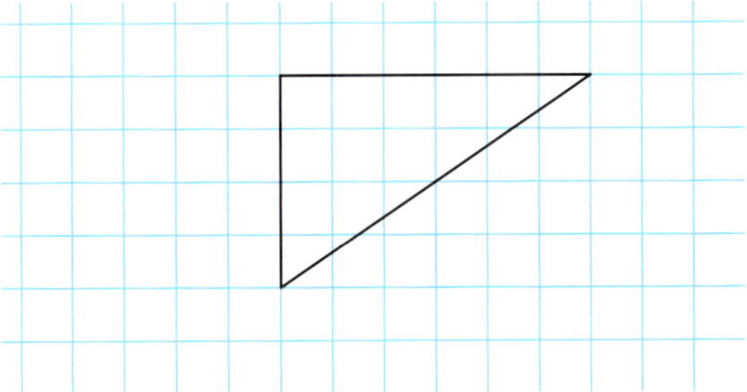

$g = 3$ cm, $h_g = 2$ cm

$A_\triangle =$

b)

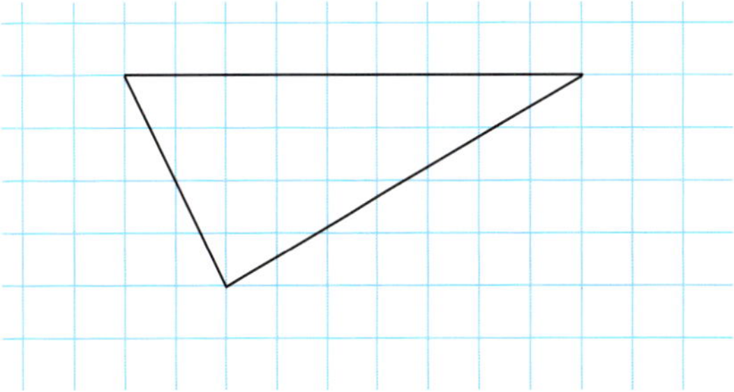

3 Gegeben sind Dreiecksprismen mit den folgenden Werten für die Seitenlängen der dreieckigen Grundfläche und der Körperhöhe h_K.

Alle Dreiecke sollen rechtwinklig mit $\gamma = 90°$ sein, in diesem Fall ist immer die Dreiecksseite b die Dreieckshöhe über a und umgekehrt: $a = h_b$ und $b = h_a$.

Wie groß ist der Oberflächeninhalt dieser Körper?

Berechne mit der Formel, die du jetzt kennst!

a	$b = h_a$	c	$A_\triangle = a \cdot h_a : 2$	h_K	$u_\triangle = a + b + c$	$M = h_K \cdot u_\triangle$	Oberfläche $A = 2 \cdot A_\triangle + M$
3 cm	4 cm	5 cm	$\frac{3\,cm \cdot 4\,cm}{2} = 6\,cm^2$	5 cm	12 cm	60 cm^2	72 cm^2
2,5 cm	6 cm	6,5 cm		2 cm			
2 cm	1,5 cm	2,5 cm		3,5 cm			
12 cm	16 cm	20 cm		10 cm			

4 In der Zeichnung siehst du das Schrägbild eines Prismas.

a) Berechne Mantel- und Grundfläche.

b) Berechne die Oberfläche A.

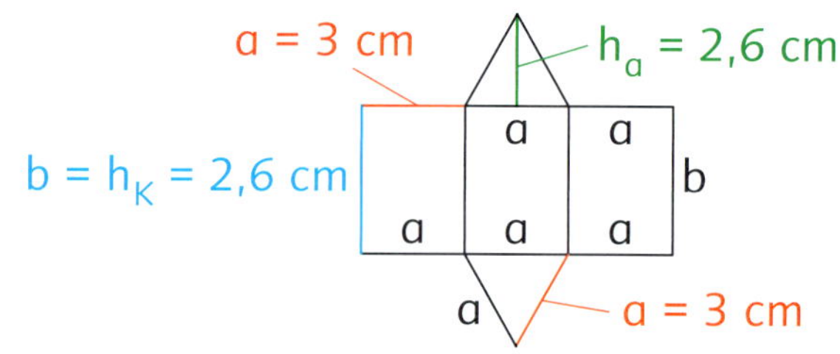

a) *gesucht:* M = ?
Formel: M =
Rechnung: M =

G = ?

Antwort:

b) *gesucht:* A = ?

Antwort:

5 a) Vervollständige und beschrifte das Netz des abgebildeten Prismas mit den Maßen:
a = 2,5 cm, b = 1,5 cm,
c = 2 cm, h = 1 cm

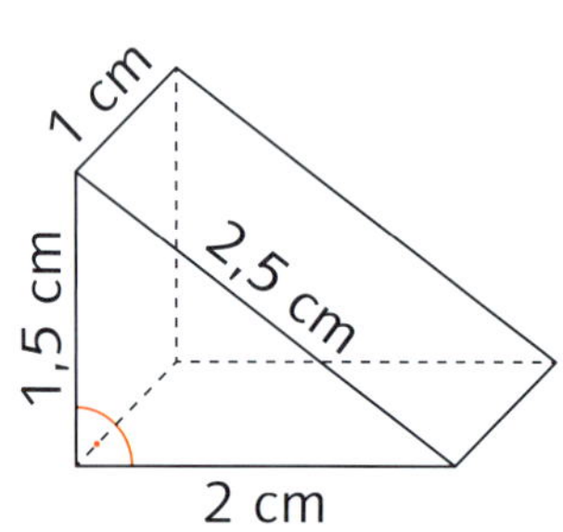

b) Färbe im Körpernetz die Grundfläche und die Mantelfläche farbig ein.

c) Berechne die Oberfläche mit der Formel.

Netz:

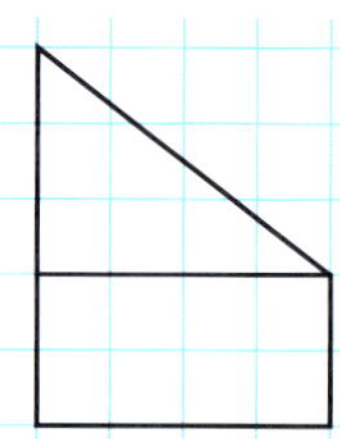

Formel: $A = 2 \cdot G + M$

Rechnung:

Volumen berechnen

Das Volumen eines Prismas wird berechnet, indem der Flächeninhalt der Grundfläche G mit der Körperhöhe h_K multipliziert wird.
Volumen = Grundfläche · Körperhöhe
$V = G \cdot h_K$

Aha, diese Formel funktioniert auch für Würfel und Quader:
Der Flächeninhalt eines Quadrats mit Seitenlänge a ist a^2, und die Körperhöhe ist auch gleich a. Also ist das Volumen $a^2 \cdot a = a^3$ – stimmt!
Bei einem Quader hat eine Seite den Flächeninhalt $a \cdot b$.
Die Körperhöhe ist dann einfach die dritte Seite c.
Dann ist das Volumen also $a \cdot b \cdot c$ – das passt auch!

1 Ein Würfel hat eine Kantenlänge von 2 cm.

a) Ergänze die Maße an der Zeichnung.

b) Berechne dann das Volumen.

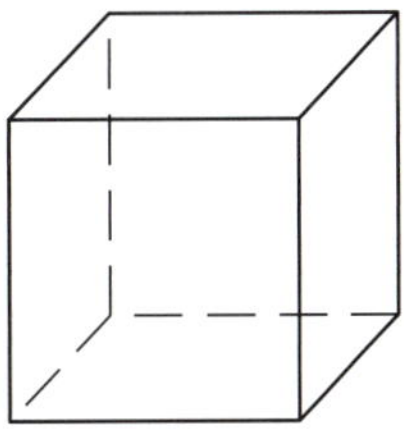

2 Ein Quader hat die Kantenlängen a = 1 cm, b = 2 cm und c = 4 cm.

a) Ergänze die Maße an der Zeichnung.

b) Berechne dann das Volumen.

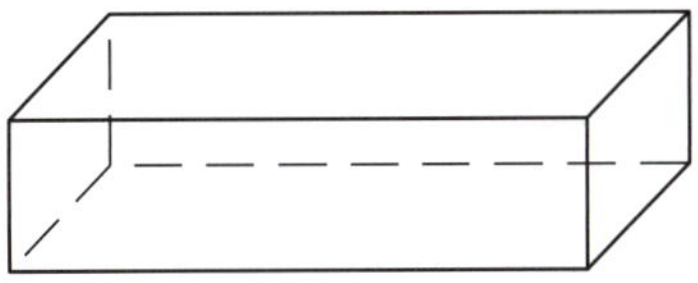

3 Schreibe die Formeln für die Oberfläche und für das Volumen von Prismen auf.

Oberfläche: Volumen:

4 Bestimme jeweils die Körperhöhe und die Grundfläche der Prismen. Begründe.

a)
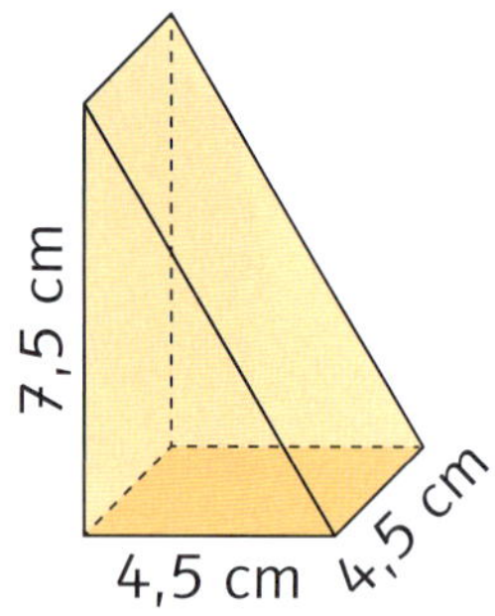

b)
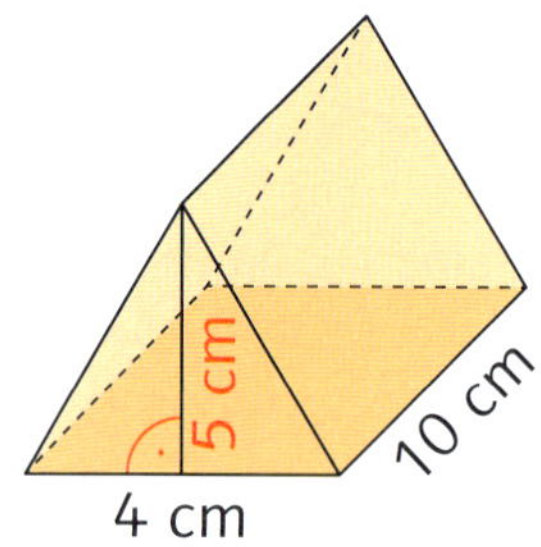

c)
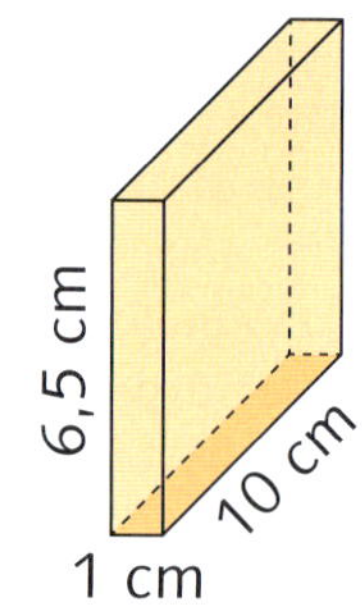

Grundflächen und Höhen:

a) Grundfläche ist ein rechtwinkliges Dreieck: $G = \frac{4{,}5 \cdot 7{,}5}{2}\,cm^2 = 16{,}875\,cm^2$;

die Körperhöhe beträgt 4,5 cm.

Grundfläche ist

Begründung:

Die Grundfläche liegt immer

Die Kante, die

5 Berechne das Volumen der Prismen.
Benutze die Formel aus Aufgabe **3**.

a)
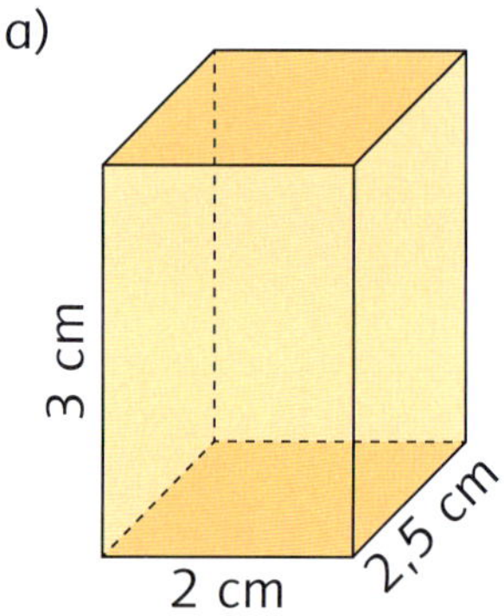

b)
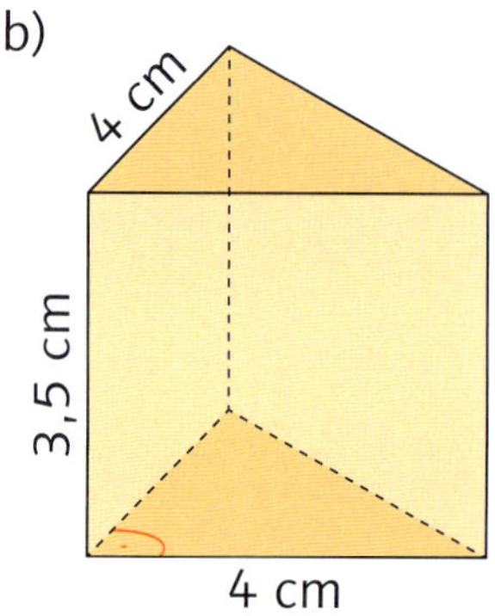

a) $V = G \cdot h_K$

b)

6 Miss zuerst und beschrifte das Prisma.

Kennzeichne die Grundfläche, die Dreiecksgrundseite und die Dreieckshöhe h_D sowie die Körperhöhe h_K farbig.

Berechne dann das Volumen des Prismas. Beachte, dass alle Linien, die im Schrägbild „nach hinten" gehen, um die Hälfte verkürzt gezeichnet sind.

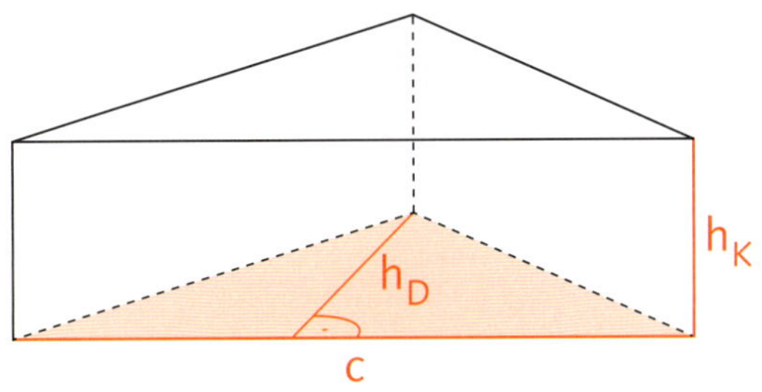

gegeben: $c = 6{,}5\,\text{cm}$

$h_D = 2\,\text{cm}$

$h_K = 2{,}5\,\text{cm}$

gesucht: $V = ?$

Formel: $V = G \cdot h_K$ $G = \frac{c \cdot h_D}{2}$

Rechnung:

7 Miss zuerst alle Seitenlängen und kennzeichne die jeweilige Grundfläche und die Körperhöhe farbig. Berechne danach das Volumen der Prismen. Beachte, dass nach hinten verlaufende Linien im Schrägbild um die Hälfte verkürzt dargestellt sind.

a)

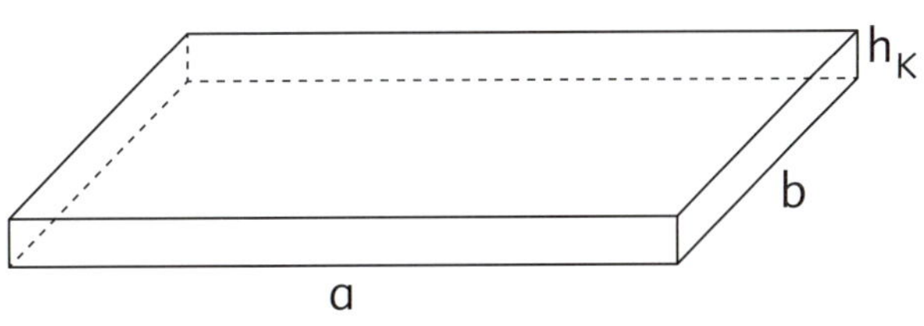

b)

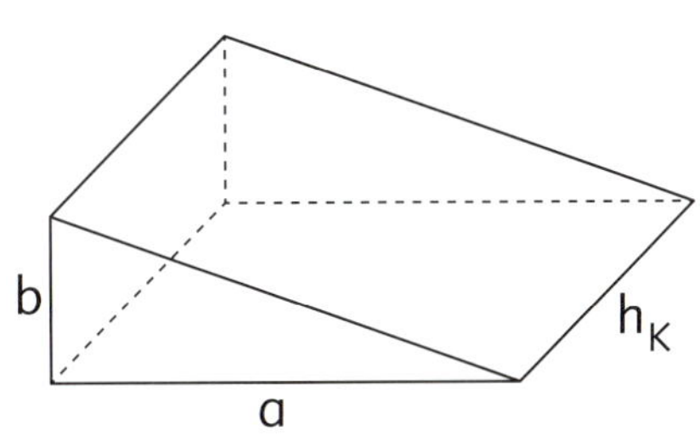

a) gegeben: $a =$

$b =$

$h_K =$

gesucht: $V = ?$

Formel: $V = G \cdot h_K$

$V = a \cdot b \quad h_K$

Rechnung: $V =$

b) gegeben:

gesucht:

Daten darstellen

1 a) Ordne die Begriffe richtig zu.

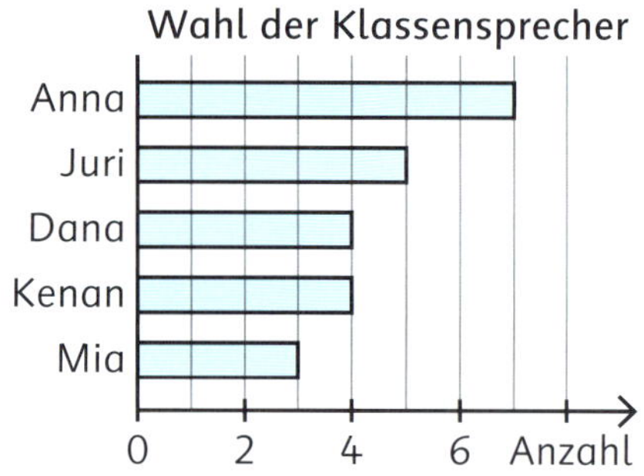

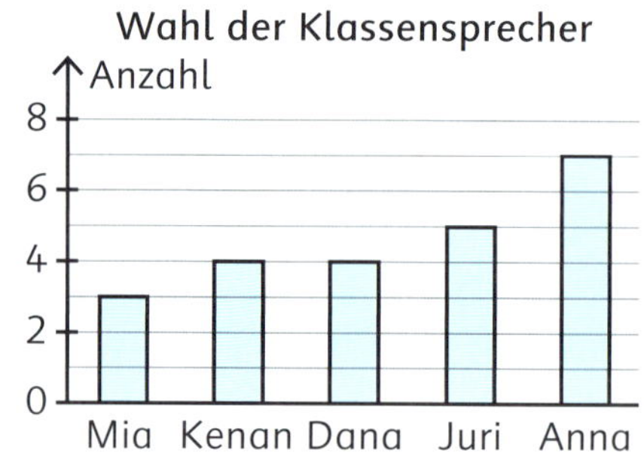

Säulendiagramm

Balkendiagramm

b) Stellen beide Diagramme dieselben Daten dar?
Begründe deine Antwort.

2 Die Klasse 8c hat ihre zwei Klassensprecher gewählt. Lies aus dem Diagramm die Antworten auf die folgenden Fragen ab.

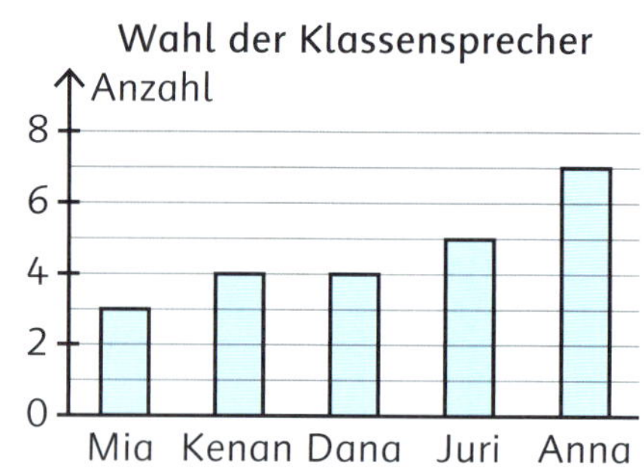

a) Wer hat bei der Klassensprecherwahl die meisten Stimmen bekommen? *Anna*

b) Wer hat gleich viele Stimmen bekommen?

c) Wer hat die wenigsten Stimmen bekommen?

d) Wer sind die beiden neuen Klassensprecher?

3 Mit dem Flugzeug durch die Welt – Flugentfernungen ab Frankfurt am Main.

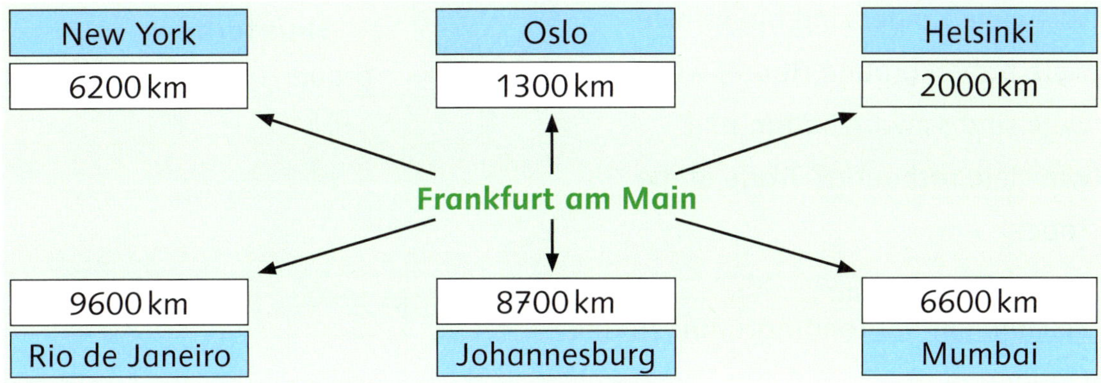

a) Notiere die Flugentfernungen in einer Tabelle.

Strecke	Entfernung
Frankfurt am Main – New York	*6200 km*
Frankfurt am Main – Oslo	
Frankfurt am Main –	

b) Erstelle ein Balkendiagramm.
Sortiere die Entfernungen nach der Größe.
Der Balken für die größte Entfernung kommt nach oben.
(Maßstab: 1000 km → 1 cm)

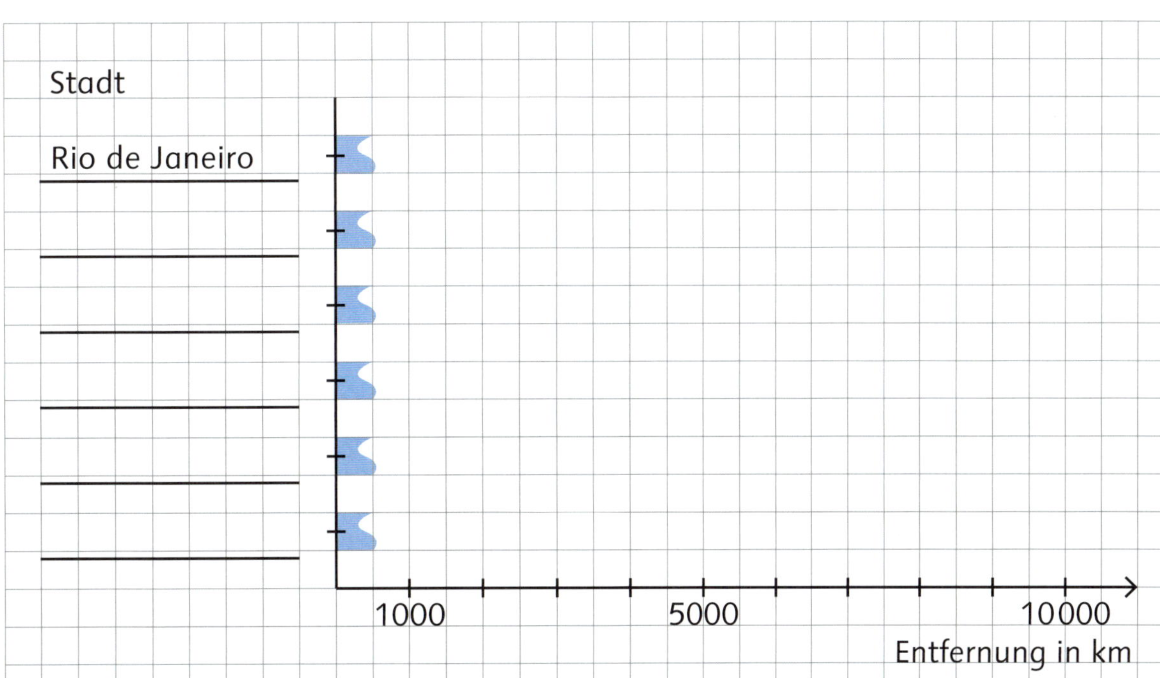

4 Die Kinder haben Informationen über ihre Klasse gesammelt.

a) Wie viele Kinder sind blond, wie viele haben braune Haare, wie viele sind schwarzhaarig und wie viele rothaarig? Trage in die Tabelle ein.

Haarfarbe			
blond	braun	schwarz	rot
|||	𝍸 ||	||		

b) Zeichne ein **Säulendiagramm** zu den Daten von **a)**.
Achte dabei auch auf eine vollständige Beschriftung.

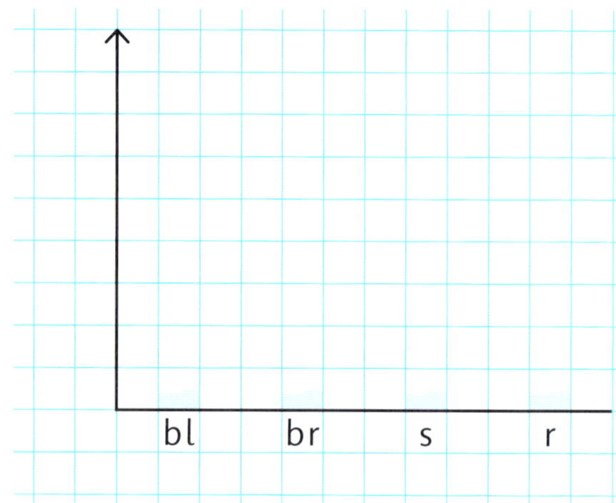

c) Wie viele Kinder sind insgesamt in der Klasse 6b?

5 Ina hat ein **Liniendiagramm** gezeichnet.

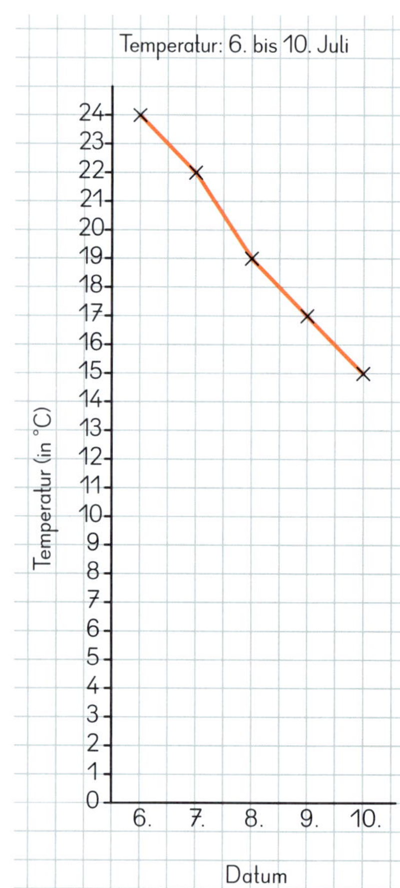

a) Was zeigt das Diagramm?

Den Verlauf der

b) Wie warm war es am 6. Juli und am 8. Juli?

c) Welcher Tag war der wärmste Tag in der Woche, welcher der kälteste?

d) Ist es in dieser Woche wärmer oder kälter geworden? Begründe.

Arten von Diagrammen

So zeichnest du ein Kreisdiagramm:
1. Du erhebst die Daten und schreibst sie in eine Tabelle.
2. Du ermittelst die Gesamtsumme aller Werte.
3. Du bestimmst alle relativen Häufigkeiten.
4. Du rechnest die relativen Häufigkeiten in Anteile von einem Vollkreis um, also von 360°.
5. Du zeichnest einen Kreis. Du teilst den Kreis so in Sektoren auf, dass jeder Mittelpunktswinkel eines Sektors genau einer relativen Häufigkeit entspricht – so wie du es in Punkt 4 ausgerechnet hast.
6. Du beschriftest die Sektoren entweder direkt im Kreis oder am Rand, je nach dem Platz, den du hast.

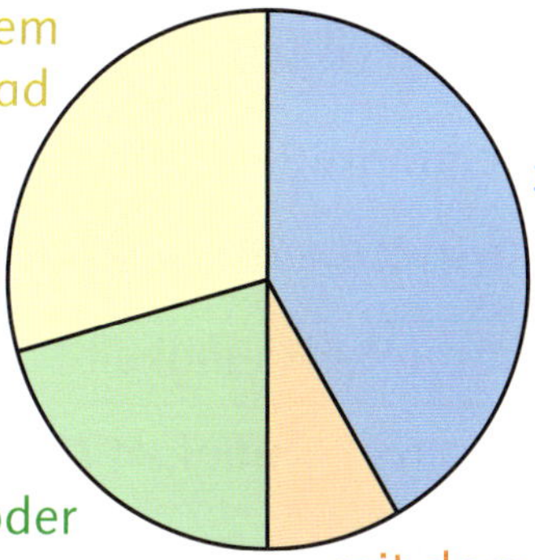

1 Wie kannst du überprüfen, ob du beim Ausrechnen der Mittelpunktswinkel für ein Kreisdiagramm richtig gerechnet hast?

Alle Winkel

Warum ist das so?

2 Berechne jeweils für die Daten in der Tabelle die Winkel, mit denen du sie in einem Kreisdiagramm darstellen würdest.

	absolute Häufigkeit	relative Häufigkeit	Winkel
#1	2	*0,10*	*0,10 · 360° = 36°*
#2	3	*0,15*	*0,15 · 360° = 54°*
#3	1		
#4	7		
#5	5		
#6	2		
Summe	30		

3 In der Leisetreterstraße leben 20 Kinder und Jugendliche.
Sie machen eine Umfrage, welche Schuhgröße wie häufig vorkommt.
Die Urliste ergibt die Werte 35, 38, 38, 40, 35, 36, 39, 39, 40, 39, 38, 37, 37, 37, 38, 38, 36, 39, 37, 38.

a) Wie viele Werte sind es insgesamt? *Es sind ______ Werte.*

b) Trage die Ergebnisse der Umfrage als Strichliste, als absolute und als relative Häufigkeit (Zahl und Prozent) in die Tabelle ein.

Schuhgröße	**35**	**36**	**37**	**38**	**39**	**40**
Strichliste	*ǁ*					
absolute Häufigkeit	*2*					
relative Häufigkeit (Zahl)	*0,1*					
relative Häufigkeit (%)	*10 %*					

c) Stelle die absoluten Häufigkeiten in einem Säulendiagramm dar.

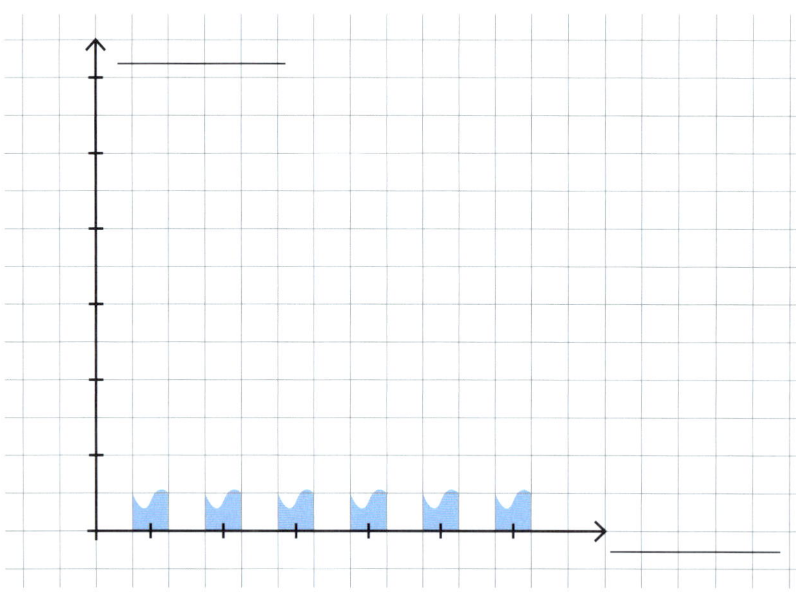

d) Stelle die relativen Häufigkeiten in einem Kreisdiagramm dar.

Dies sind die Winkelgrößen für das Kreisdiagramm:

Schuhgröße 35: $0{,}1 \cdot 360° = 36°$

Schuhgröße 36:

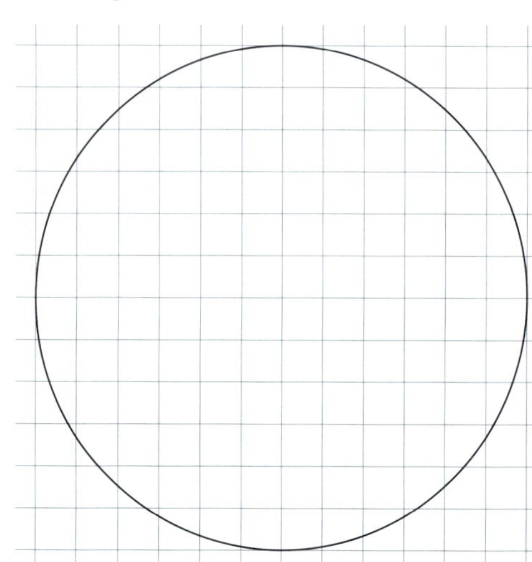

Ich kann dieselben Daten in ganz verschiedenen Diagrammtypen darstellen!

4 Um was für ein Diagramm handelt es sich jeweils?

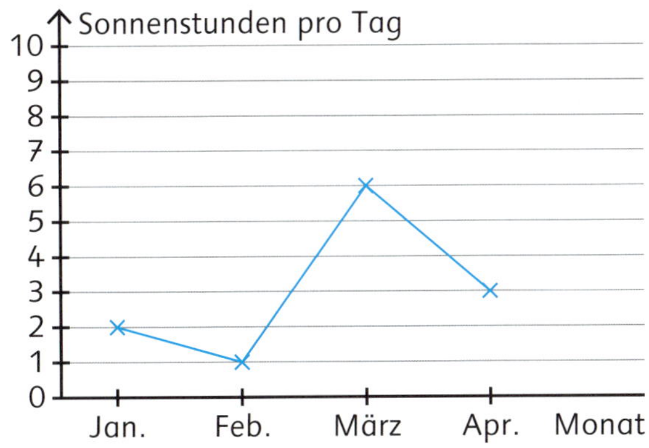

Liniendiagramm

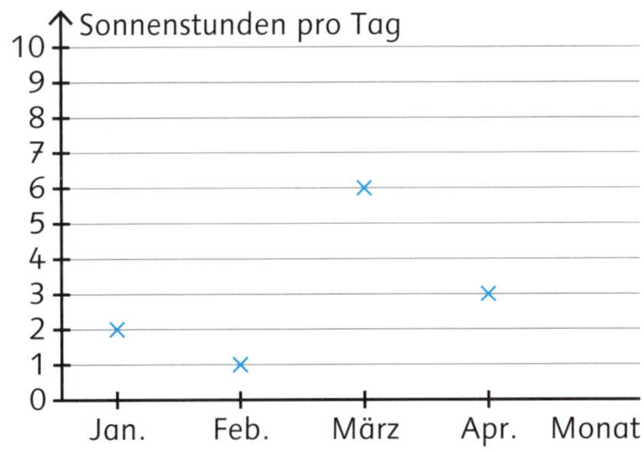

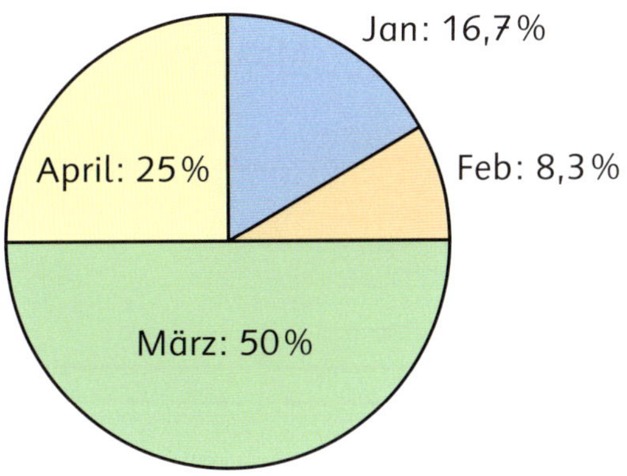

Kreisdiagramm

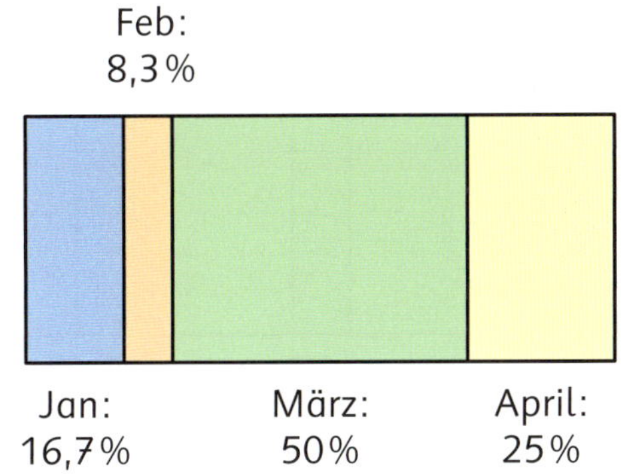

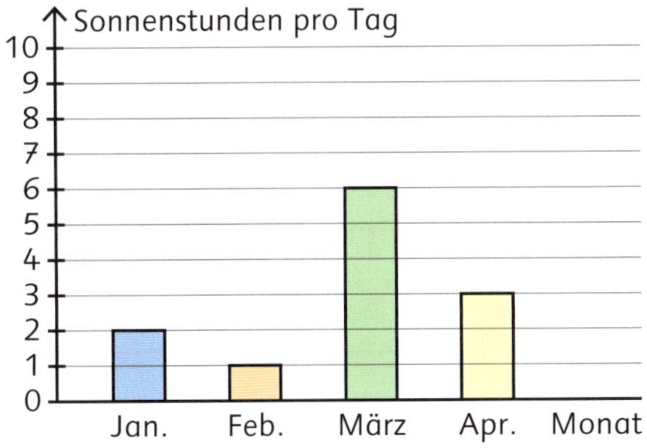

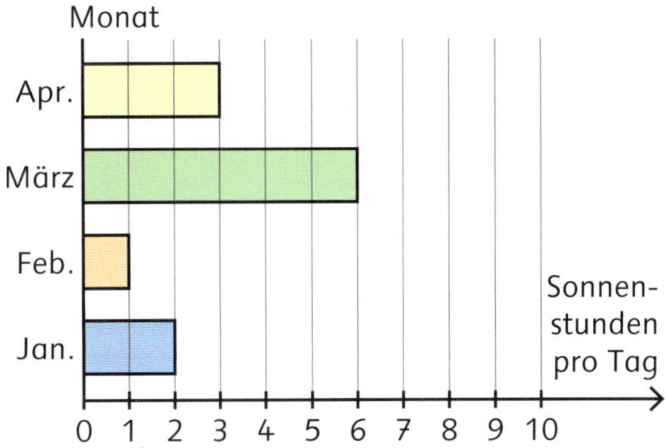

5 Welche Größen werden in Aufgabe **4** a), b), e) und f) dargestellt (oder: „gegeneinander aufgetragen")?

Die (mittlere) Anzahl

Daten auswerten

Der größte Wert von einem Datensatz ist das **Maximum**.
Der kleinste Wert des Datensatzes heißt **Minimum**.
Die Differenz zwischen Maximum und Minimum ist die **Spannweite**.
Je kleiner die Spannweite ist, desto dichter liegen die Daten beieinander.

1 Bestimme das Minimum und das Maximum.
Berechne die Spannweite.

a)

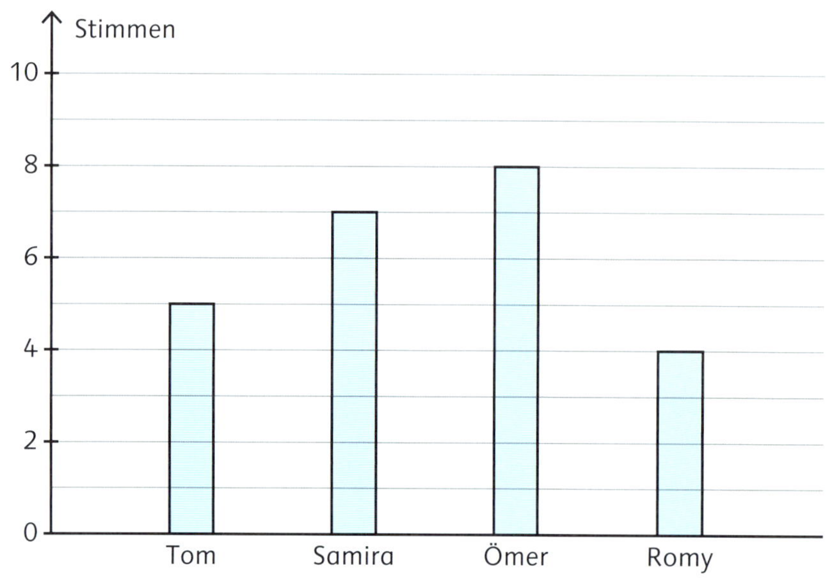

Minimum = ______

Maximum = ______

Spannweite = ______

b)

Tag	Mo	Die	Mi	Do	Fr
Temperatur	11 °C	8 °C	10 °C	9 °C	14 °C

Minimum = ______

Maximum = ______

Spannweite = ______

c)

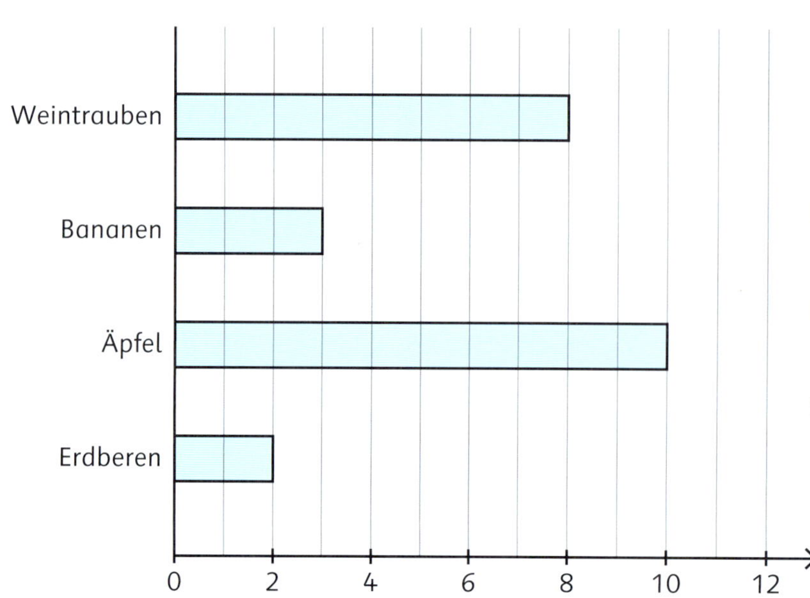

Minimum = ______

Maximum = ______

Spannweite = ______

Der **Median** (Zentralwert) ist der Wert, der genau in der Mitte liegt.

2 Ordne die Zahlen der Größe nach. Kreise dann den Median ein.

a) 7; 5; 9; 10; 2 ____________________

b) 1; 8; 11; 10; 4; 6; 9 ____________________

c) 13; 7; 12; 3; 5; 1; 4; 8; 6 ____________________

Gibt es eine gerade Anzahl von Werten, dann ist der Median von den beiden mittleren Werten gleich weit entfernt. Beispiel: 3; (4; 8;) 11 Median = 6

3 Ordne die Zahlen der Größe nach. Kreise die beiden mittleren Werte ein. Bestimme dann den Median.

a) 4; 7; 6; 2 ____________________ Median: ____

b) 8; 1; 10; 4; 9; 6 ____________________ Median: ____

c) 3; 8; 2; 1; 9; 12; 4; 10 ____________________ Median: ____

So berechnest du den **Durchschnitt**:
1. Addiere alle Einzelergebnisse.
2. Dividiere die Summe durch die Anzahl der Einzelergebnisse.

4 a) Lena hat bei ihren Würfen diese Ergebnisse erzielt:

Lena	20 m	15 m	16 m

Berechne den Durchschnitt.

__ m + __ m + __ m = __ m

__ m : __ = __ m

b) Lisa hat nur zweimal geworfen:

Lisa	29 m	31 m

Berechne den Durchschnitt.

__ m + __ m = __ m

__ m : __ = __ m

Weil es nur 2 Würfe waren, teile ich durch 2.

Der häufigste Wert in einem Datensatz heißt **Modus** oder **Modalwert**. Der Modalwert muss nicht in der Mitte zwischen Minimum und Maximum liegen, oft befindet er sich aber ungefähr dort.
Es kann auch mehrere verschiedene Modalwerte geben, die gleich häufig vorkommen.

Zwei Namen für denselben Wert? Irgendwie blöd.

Und es kommt noch schlimmer: Der **Durchschnitt** heißt auch **arithmetisches Mittel** und der **Median** auch **Zentralwert**.

5 Verbinde die Bezeichnungen, die jeweils für dieselbe Größe bei einem Datensatz stehen.

Durchschnitt	arithmetisches Mittel
Zentralwert	Modalwert
Modus	Median

6 Clara und Pablo würfeln immer mit drei Würfeln gleichzeitig und zählen die Augensummen zusammen.
Die folgenden Zahlen sind aufgetreten:
17; 13; 3; 13; 9; 13; 13; 5; 6; 5; 16; 15; 7; 5; 10.

a) Sortiere die Zahlen der Größe nach.

3; 5; 5; 5; 6; ______

b) Bestimme den **Median**: ______

c) Wie oft haben sie insgesamt gewürfelt? ______

d) Was ist die Gesamtsumme der Augenzahlen? ______

e) Wie berechnest du den **Durchschnitt**? ______

f) Berechne den Durchschnitt: ______

g) Was ist der **Modus**? ______

h) Wie groß sind **Maximum** und **Minimum**? ______

i) Wie groß ist die Spannweite? ______

Umfang von Dreiecken und Vierecken

Berechnung des Umfangs

Um den Umfang u einer Figur zu berechnen, werden alle Seitenlängen addiert.

a) Umfang des Dreiecks

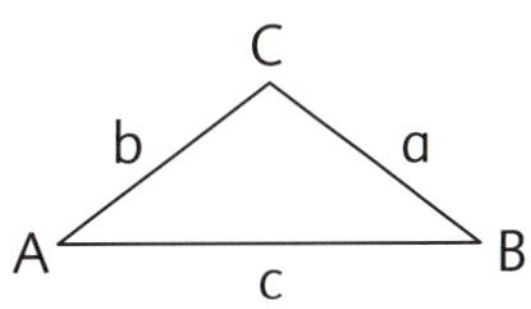

$u = a + b + c$

b) Umfang eines allgemeinen Vierecks

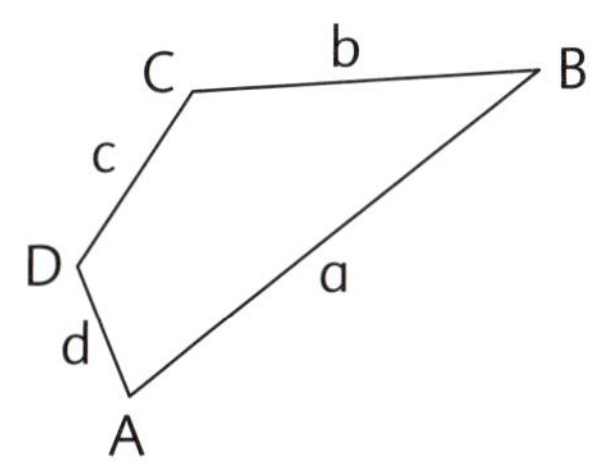

$u = a + b + c + d$

c) Umfang des Rechtecks und des Parallelogramms

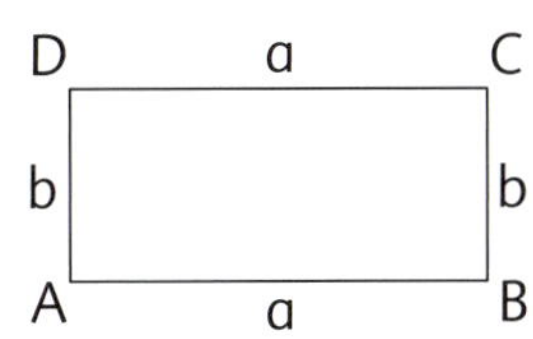

$u = a + b + a + b$
$u = 2 \cdot a + 2 \cdot b$

d) Umfang des Quadrats

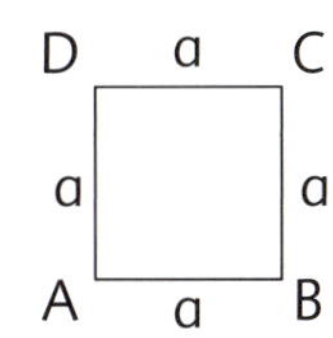

$u = a + a + a + a$
$u = 4 \cdot a$

1 Mit welchen Formeln kannst du den Umfang der Figuren jeweils berechnen? Ordne die Formeln den Figuren zu. Begründe deine Entscheidung.

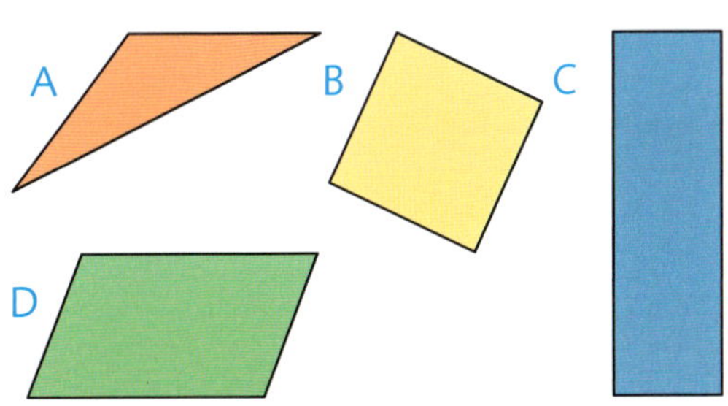

1 $u = a + b + a + b$
$u = 2 \cdot a + 2 \cdot b$

2 $u = a + a + a + a$
$u = 4 \cdot a$

3 $u = a + b + c$

Figur	Formel	Begründung
A	3	*Die Figur hat als einzige 3 Seiten.*
B		
C		
D		

2 Berechne jeweils die fehlende Seitenlänge.
Forme dazu die Umfangsformel so um, dass du diese Länge ausrechnen kannst.

a) Rechteck

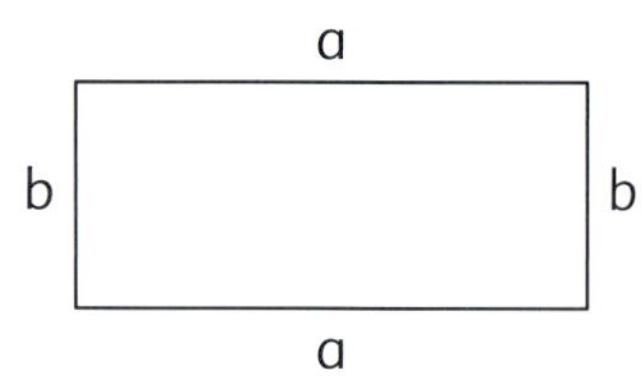

u = 10 cm
b = 1,5 cm

u = 2a + 2b

2a = u − 2b

2a = 10 cm − 2 · 1,5 cm

2a = 7 cm

a =

b) Dreieck

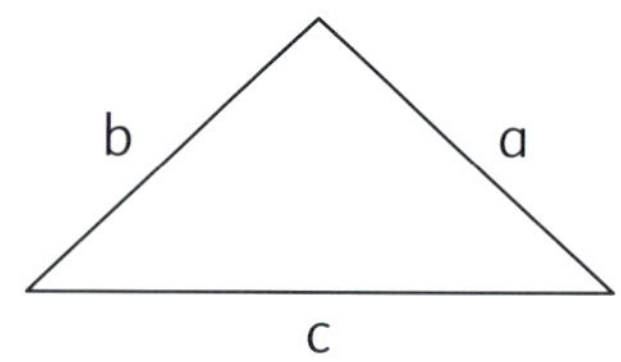

u = 9,4 cm
a = 2,7 cm, c = 4 cm

u = a + b + c

c) Drachenviereck

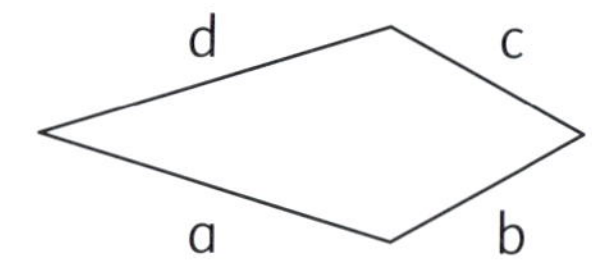

u = 8 cm
a = 2,5 cm

3 Berechne die fehlenden Werte der Parallelogramme.
Ergänze die Tabelle.
Denke dir für Spalte d) eigene Werte für dein Lieblingsparallelogramm aus.

	a)	b)	c)	d)
Umfang	78 cm		46 cm	
Seite a	15 cm	5 cm		
Seite b	*24 cm*	4 cm	8 cm	

a)

b)

c)

d)

4 Berechne die fehlenden Werte der Parallelogramme.

Ergänze die Tabelle.

Denke dir für Spalte d) eigene Werte für dein Lieblingsdreieck aus.

Berechne die fehlenden Werte der Dreiecke und ergänze die Tabelle.

	a)	b)	c)	d)
Umfang		12,2 cm	9 cm 9 mm	
Seite a	46 mm	2,6 cm	3 cm 7 mm	
Seite b	46 mm	4,5 cm		
Seite c	46 mm		2 cm 5 mm	

a) b) c)

d)

5 Rechteck oder Quadrat

a) Überlege zuerst: Um welche Figur handelt es sich: Rechteck oder Quadrat? Schreibe den Namen in die Tabelle.

b) Berechne die fehlenden Werte im Kopf und ergänze die Tabelle.

Figur	*Quadrat*				
Seite a	110 mm	15 cm	25 cm	30 mm	47 mm
Seite b	110 mm			20 mm	59 mm
Umfang	*440 mm*	40 cm	100 cm		

6 Die zwei gleich großen Grundstücke sollen einen gemeinsamen Zaun bekommen. Wie viel m Zaun werden benötigt?

Rechnung:

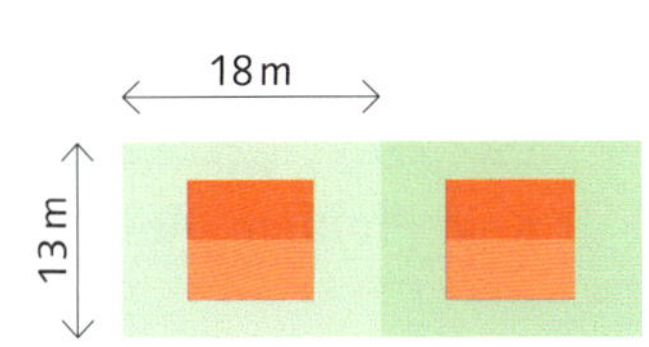

u = 13 m +

Flächeninhalt von Dreiecken

Der Flächeninhalt eines Dreiecks wird so berechnet:

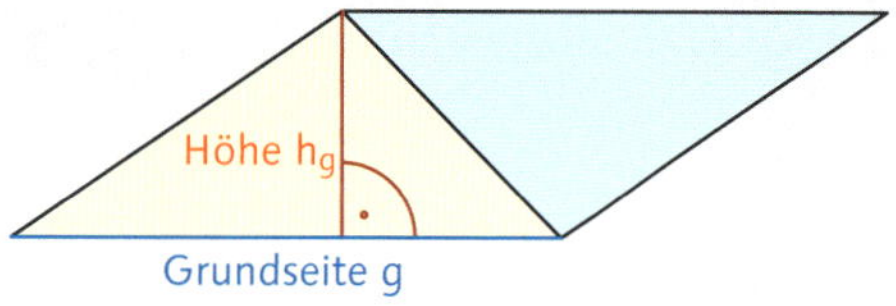

Flächeninhalt$_\triangle$ = Grundseite · Höhe$_g$: 2

$A_\triangle = g \cdot h_g : 2$

Das Halbieren darf ich nicht vergessen!

1 a) Erzähle, wie du mit zwei gleichen Dreiecken ein Parallelogramm legen kannst. Fülle die Lücken im Text aus.

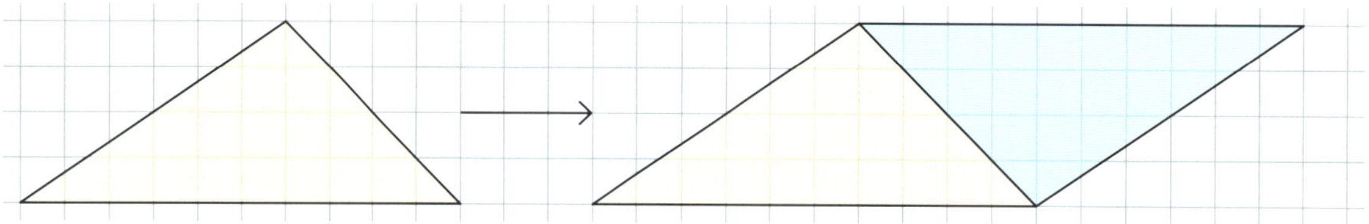

Das gelbe und das blaue Dreieck sind *gleich groß* und haben ______ Seitenlängen.

Wenn ich sie wie im Bild zusammenlege, bekomme ich ein Viereck.

Bei diesem Viereck sind Seiten gleich ______, die sich ______ liegen.

Außerdem sind die sich gegenüberliegenden Seiten auch ______.

Deshalb ist dieses Viereck ein ______.

b) Was bedeutet das für den Flächeninhalt des ersten Dreiecks?

Das ______ besteht aus zwei Versionen dieses Dreiecks.

Deshalb ist seine Fläche genau ______ so groß.

Die Fläche des Parallelogramms berechne ich mit der Formel ______ mal Höhe.

Also ist die Fläche des Dreiecks halb so groß, d. h. Grundseite mal Höhe ______.

Vergessen, wie das mit der Parallelogramm-Fläche geht?
Kein Problem. Auf Seite 75 kommt das noch einmal dran.

2 Gegeben ist das rechtwinklige Dreieck ABC mit $a = 5{,}4\,cm$; $b = 2\,cm$; $c = 5\,cm$.

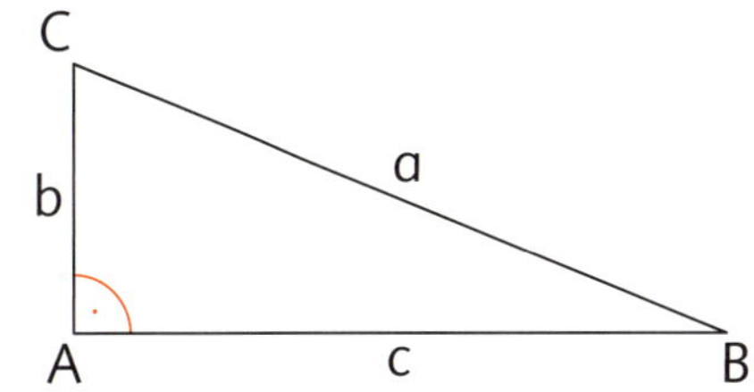

a) Was weißt du über die Höhen im rechtwinkligen Dreieck – kannst du angeben, wie groß h_c ist?

Ja. Seite b steht

b) Berechne den Flächeninhalt des Dreiecks.

2 cm ·

3 Zeichne das Dreieck aus A(1|0), B(5|0) und C(1|4) in das Koordinatensystem. Bestimme den Flächeninhalt des Dreiecks, wenn eine Längeneinheit 1 cm beträgt .

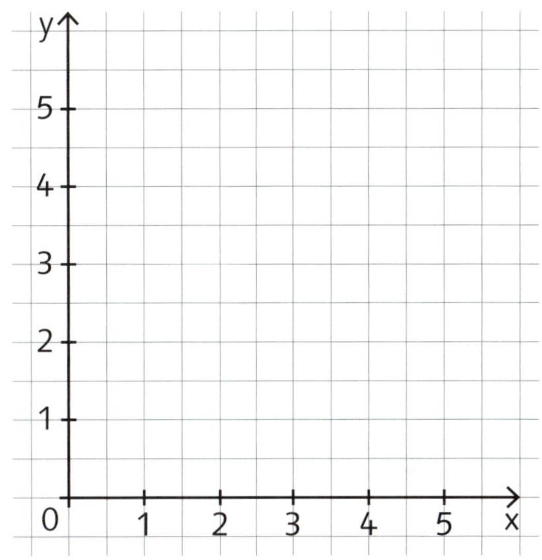

4 Berechne jeweils den Flächeninhalt des Dreiecks.

a) $a = 8\,cm$; $b = 7\,cm$; $h_a = 2\,cm$

$8\,cm \cdot 2\,cm : 2 = 8\,cm^2$

b) $b = 4\,cm$; $c = 6\,cm$; $h_c = 3\,cm$

Ach ja, genau: Im Dreieck ist
Umfang u = a + b + c
Fläche A = $a \cdot h_a : 2 = b \cdot h_b : 2 = c \cdot h_c : 2$

5 Berechne jeweils die fehlenden Größen im Dreieck.

	a)	b)	c)
a	4 cm		4,5 cm
b	3 cm		3 cm
c	*12 cm – 7 cm = 5 cm*	4 cm	6 cm
h_a	3 cm	3,85 cm	2,9 cm
A	*$4\,cm \cdot 3\,cm : 2 = 6\,cm^2$*	5,8 cm^2	
u	12 cm	11,3 cm	

6 Markiere in jedem Dreieck geeignet eine Grundseite und die zugehörige Höhe. Miss deren Länge.
Berechne daraus die Flächeninhalte der Dreiecke.

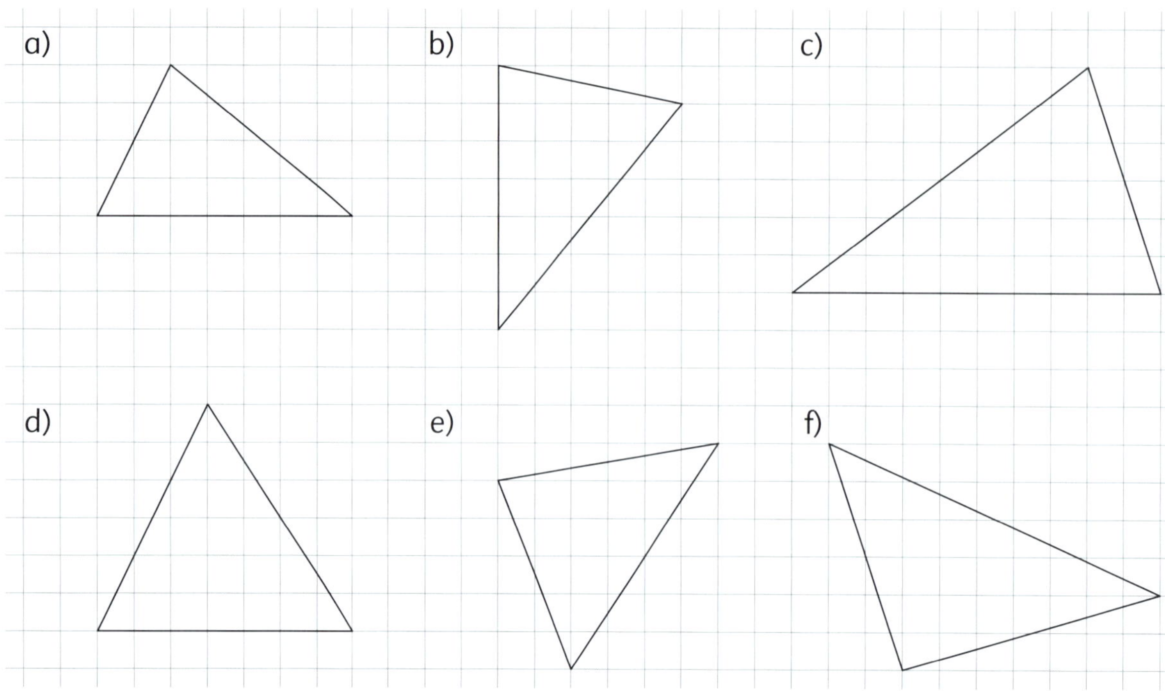

a) Grundseite: 3,5 cm

Höhe: 2 cm

Berechnung des Flächeninhalts:

$A = 3{,}5 \cdot 2\,cm^2 : 2$

$A = 3{,}5\,cm^2$

b) Grundseite: 3,5 cm

Höhe: ______

Berechnung des Flächeninhalts:

______

c) Grundseite: ______

Höhe: ______

Berechnung des Flächeninhalts:

______

d) Grundseite: ______

Höhe: ______

Berechnung des Flächeninhalts:

______

e) Grundseite: ______

Höhe: ______

Berechnung des Flächeninhalts:

______

f) Grundseite: ______

Höhe: ______

Berechnung des Flächeninhalts:

______

Flächeninhalt von Vierecken

Dies sind die Formeln für den Flächeninhalt von einem **Rechteck** (links) und einem **Quadrat** (rechts).

b  $A_{\square} = a \cdot b$
a

a  $A_{\square} = a \cdot a$
a

1 Ordne zu, indem du die Gleichungen durch eine Linie entweder mit dem Rechteck oder dem Quadrat verbindest.

b 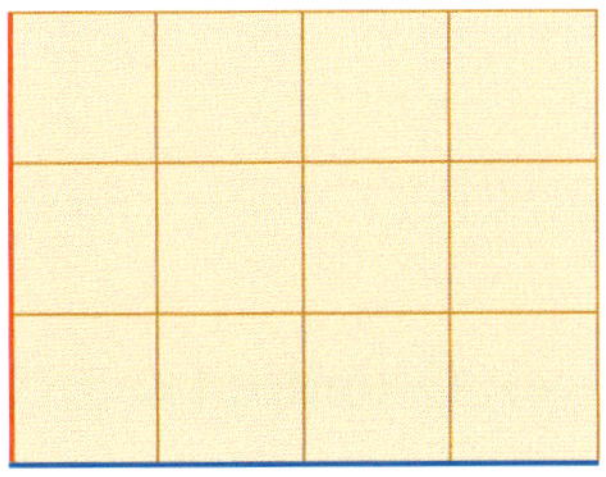
a

$A_{\square} = a \cdot a$	$A = 3\,cm \cdot 3\,cm$
$A = 12\,cm^2$	$A_{\square} = a \cdot b$
$A = 4\,cm \cdot 3\,cm$	$A = 9\,cm^2$

a 
a

Der Flächeninhalt eines Parallelogramms wird so berechnet:

Die Höhe steht senkrecht auf der Grundseite.

$\text{Flächeninhalt}_{\text{▱}} = \text{Grundseite} \cdot \text{zugehörige Höhe}$

$A_{\text{▱}} = g \cdot h_g$

2 Berechne die fehlenden Größen der Parallelogramme und trage sie in die Tabelle ein.

	a)	b)	c)	d)	e)
a	7 cm	3,4 cm	6,5 cm		170 cm
h_a	3 cm	6 cm		5,2 cm	
A	21 cm²	20,4 cm²	31,2 cm²	39 cm²	34 000 cm²

	f)	g)	h)	j)	j)
a	1,3 cm	8,4 cm		32 cm	
h_a	3,5 cm		6,8 cm		29 cm
A		37,8 cm²	100,3 cm²	2880 cm²	348 cm²

3 Markiere in jedem Parallelogramm eine geeignete Grundseite und die zugehörige Höhe.
Miss die Längen von Grundseite und Höhe.
Berechne daraus die Flächeninhalte der Parallelogramme.

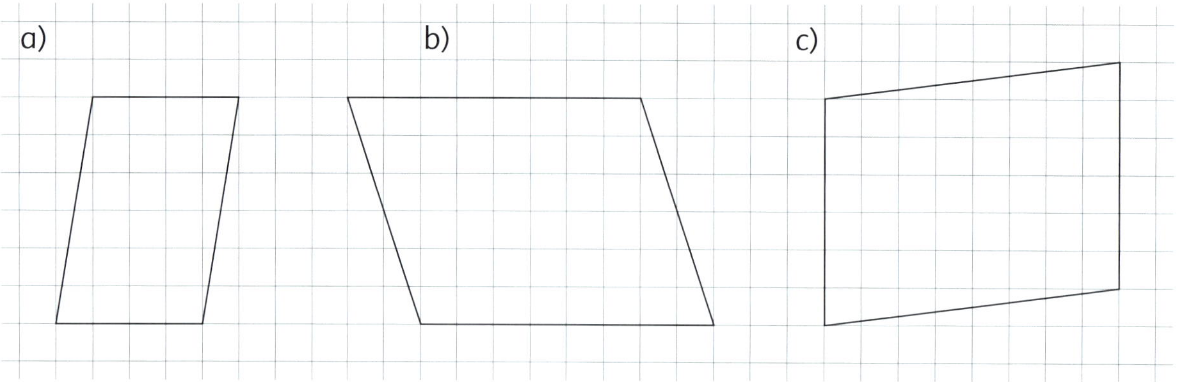

a) Grundseite: 2 cm

Höhe: 3 cm

Berechnung des Flächeninhalts:

$A = 2 \cdot 3\,cm^2$

$A = 6\,cm^2$

b) Grundseite: ______

Höhe: ______

Berechnung des Flächeninhalts:

______

______

c) Grundseite: ______

Höhe: ______

Berechnung des Flächeninhalts:

______

______

Der Flächeninhalt eines Trapezes wird so berechnet:

Flächeninhalt$_{\triangle}$ = Summe der parallelen Seiten · Höhe : 2

$A_{\triangle} = (a + c) \cdot h : 2$

Das Halbieren darf ich nicht vergessen!

4 Betrachte das Bild und beantworte die Fragen.

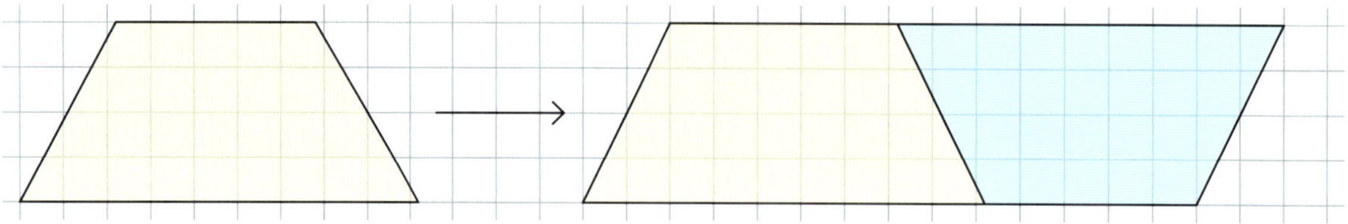

Was wird aus einem Trapez, wenn du eine Kopie davon passend anlegst?

______

Wie lang ist die lange Seite dieses Parallelogramms?

die Summe aus ______

Welche Höhe hat das Parallelogramm? ______

Wie groß ist die Fläche des Parallelogramms? doppelt so groß wie ______

5 Miss die Längen der parallelen Seiten und die Höhe der Trapeze.
Berechne den Flächeninhalt der Trapeze.

a)

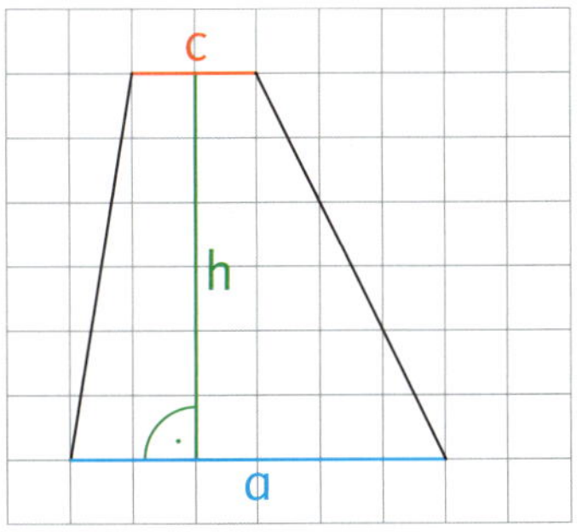

$a = 3\,cm$

$c =$

$h =$

$A = \frac{(a + c) \cdot h}{2}$

$=$

$=$

b)

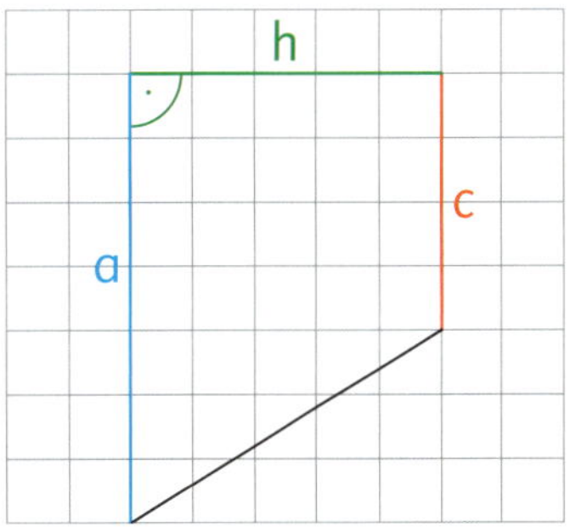

$a =$

$c =$

$h =$

$A =$

$=$

$=$

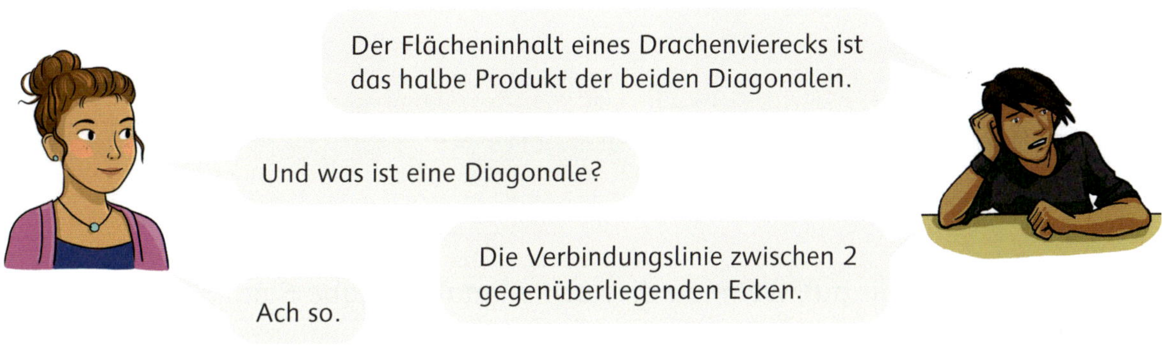

6 a) Zeichne in das Drachenviereck die beiden Diagonalen ein.

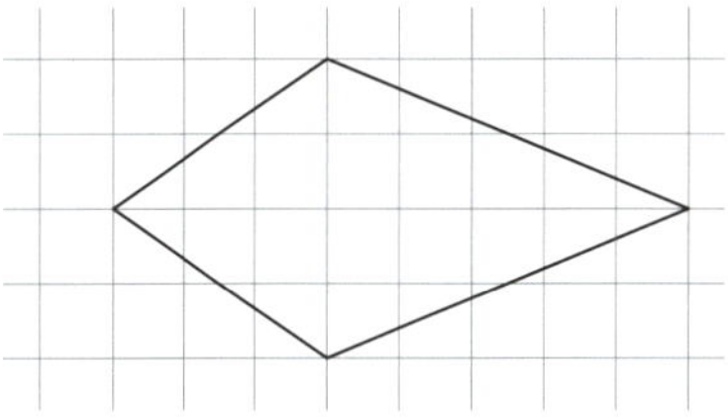

b) Miss die Länge der Diagonalen: $e =$, $f =$

c) Berechne den Flächeninhalt des Drachenvierecks:

$A = \frac{e \cdot f}{2} =$

7 Zeichne je ein Drachenviereck aus den gegebenen Größen.
Markiere die beiden Diagonalen e und f. Berechne die Länge der Diagonale f.

a) Die Diagonale e ist 5,5 cm lang. $e =$
Der Flächeninhalt beträgt 8,25 cm². $A =$
Diagonale f: $f = 2A : e =$

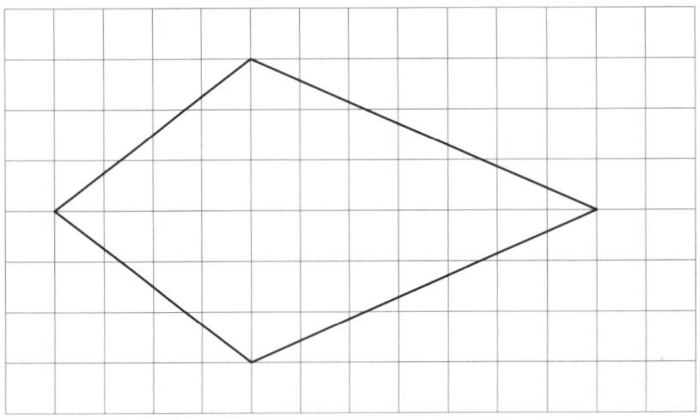

b) Die Diagonale e ist 6,2 cm lang.
Der Flächeninhalt beträgt 11,16 cm².
Diagonale f:

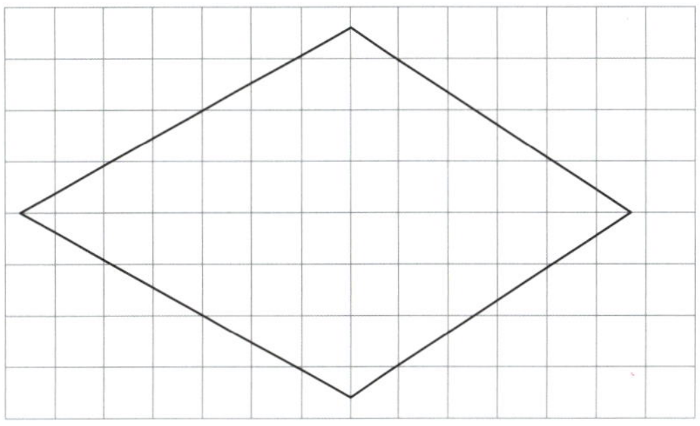

Zusammengesetzte Figuren

1 Zwei Häuser stehen auf Grundstücken, die gleich breit sind, aber unterschiedlich lang. Die beiden Grundstücke sollen zusammen umzäunt werden.

a) Wie breit ist das rechte Grundstück? ______

b) Wie viele Meter Zaun brauchen die Besitzer dafür?

c) Wie viele Meter Zaun brauchen sie, wenn in jedem Grundstück noch ein Eingangstor von 1,8 m Breite eingesetzt wird?

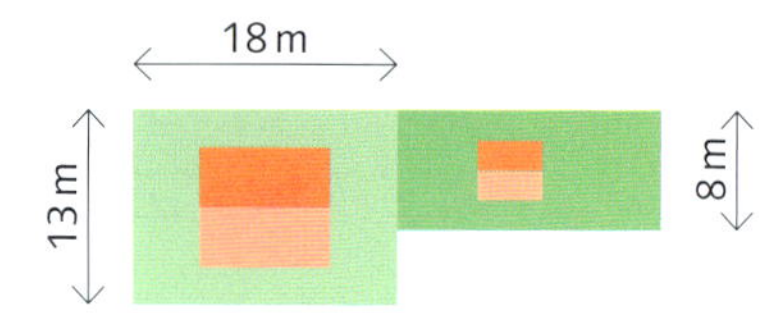

b) u =

c) u =

d) Was fällt dir auf, wenn du dir noch einmal Aufgabe 6 auf S. 71 ansiehst? Erkläre deine Beobachtung.

Das Ergebnis ist ______

2 Berechne die Flächeninhalte der beiden Figuren.

a)

b)

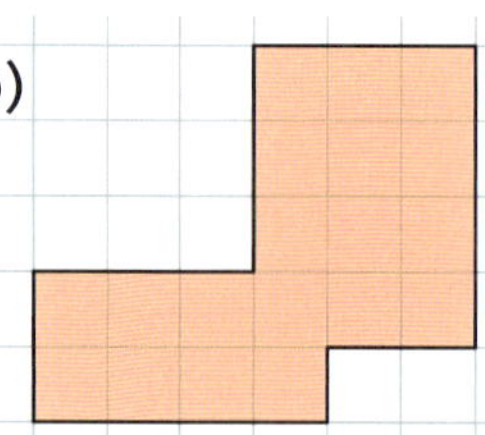

a) Die Figur ist zusammengesetzt aus *einem Quadrat* ______
Der Flächeninhalt des Quadrats beträgt ______
Der Flächeninhalt des ______
Die Gesamtfläche ______

b) Die Figur ist zusammengesetzt aus ______
Der Flächeninhalt des ______
Der Flächeninhalt des ______
Der Flächeninhalt des Quadrats beträgt ______
Die Gesamtfläche ______

3 Berechne jeweils die Flächeninhalte der dunkel gefärbten Figur.
Markiere jeweils die Grundseite und die zugehörige Höhe, wenn erforderlich.

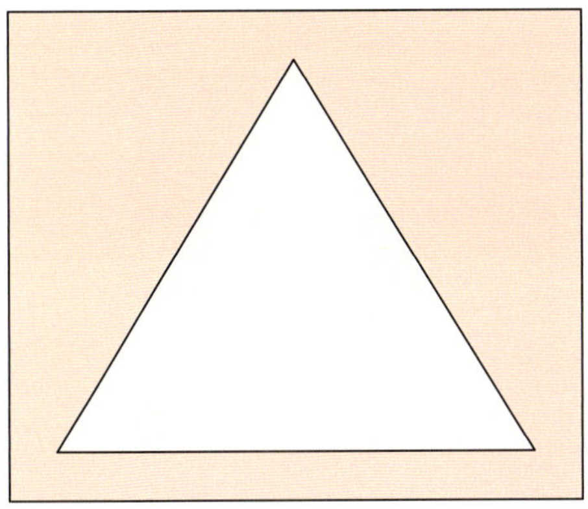

Flächeninhalt:

Formel:

Rechnung:

Formel:

Rechnung:

gegeben:
gesucht:

gegeben:
gesucht:

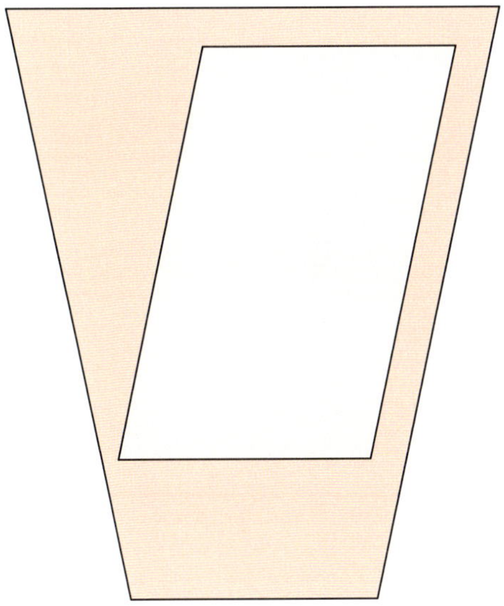

Flächeninhalt:

Formel:

Rechnung:

Formel:

gegeben:

gesucht:
gegeben:
gesucht:

4 Berechne den Flächeninhalt und den Umfang der Figur.
Markiere die Grundseiten und die zugehörigen Höhen.

Flächeninhalt:
gegeben:
gesucht:

gegeben:
gesucht:

Formel: Rechnung:

Formel: Rechnung:

Umfang:
gegeben:

gesucht:

Formel:
Rechnung:

Proportionale Zuordnungen erkennen und darstellen

Bei einer **Zuordnung** werden Werte aus zwei Bereichen in Verbindung zueinander gesetzt. Zuordnungen lassen sich in einer Wertetabelle darstellen.

1 Die folgende Wertetabelle beschreibt eine Zuordnung.

Verdienst

Arbeitszeit in Stunden	1	2	4	8	16
Verdienst in €	12	24	48	96	192

a) Welche Größen werden in dieser Tabelle einander zugeordnet?

b) In welchen Einheiten werden diese Größen angegeben?

Die Arbeitszeit wird in ______ angegeben und der Verdienst wird in ______ angegeben.

c) Welche Werte werden 3 Stunden, 5 Stunden oder 10 Stunden Arbeit zugeordnet? Ergänze die Tabelle.

Arbeitszeit in Stunden	1	3	5	10
Verdienst in €	*12*			

Um eine Wertetabelle richtig zu verstehen, brauchen wir:
- eine passende Überschrift
- Wertepaare
- manchmal weitere Angaben zu den Wertepaaren

Preise, Gewichte, Temperaturen, Zeiten ...

2 Eine proportionale Zuordnung ist eine besondere Zuordnung. Ergänze die Sätze.

a) Wenn der Wert auf der einen Seite mit drei multipliziert wird, …

muss auch der zugeordnete Wert

b) Wenn der Wert auf der einen Seite durch vier dividiert wird, …

3 Berechne diese proportionalen Zuordnungen.
Schreibe an die Rechenpfeile, wie du gerechnet hast.

a) Kisten

	Anzahl	Gewicht in kg	
· 4	1	2,5	· 4
	4	*10*	

b) Kilowattstunden

	Anzahl	Preis in €	
	100	12	
	1		

c) Bleistifte

	Anzahl	Preis in €	
	12	3,60	
	4		

d) Brötchen

	Anzahl	Preis in €	
	5	1,35	
	10		
	20		

e) Kartoffeln

	Gewicht in kg	Preis in €	
	1,5	2,50	
	3		
	6		

f) Verdienst

	Zeit in h	Lohn in €	
	40	480	
	8		
	1		

4 Die AG Schulkiosk verkauft Brötchen für 0,80 €.
Wie viel kosten 5, 10, 15 und 20 Brötchen?
Berechne und stelle die Zuordnung im Koordinatensystem dar.

Brötchen

	Anzahl	*Preis in €*	
·5	*1*	*0, 8 0*	*·5*

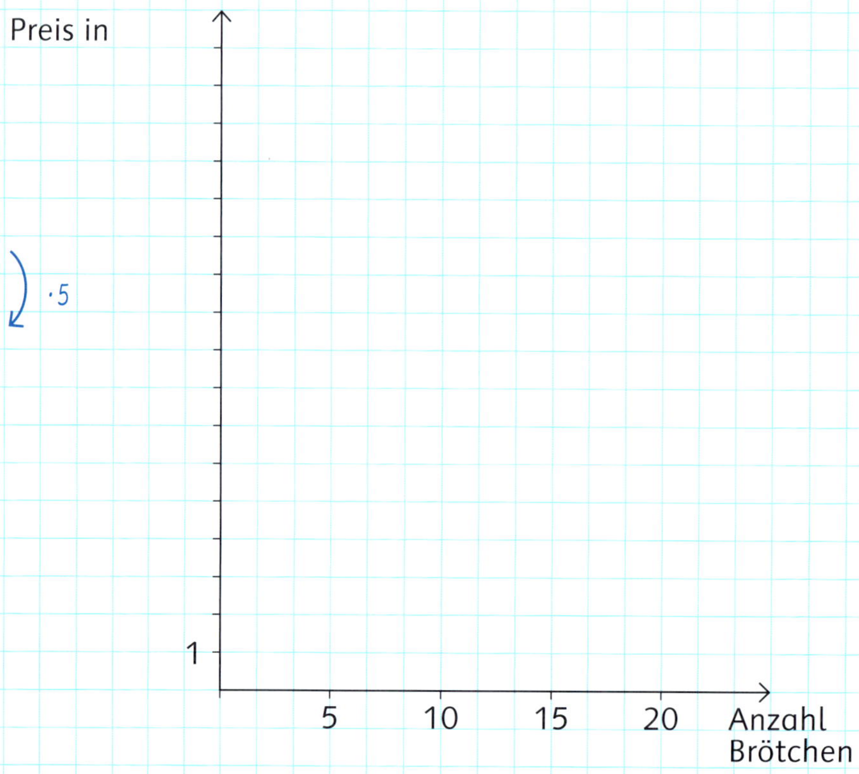

Dreisatz bei proportionalen Zuordnungen

1 Rechne mit dem Dreisatz und beschreibe deine drei Rechenschritte.
Eine Packung mit fünf Joghurts kostet 2,50 €. Wie viel kosten zwei Joghurts?

Joghurt

	Anzahl	Preis in €	
:5	5	2,50	:5

Zwei Joghurts kosten 1 €.

1.

2.

3.

2 Rechne mit dem Dreisatz.

a) Rezept

Anzahl Personen	Nudeln in g
4	400
3	

b) Fahrkarten

Anzahl Karten	Preis in €
5	15
2	

c) Eis

Anzahl Kugeln	Preis in €
3	1,80
2	

d) Zeit bei gleicher Geschwindigkeit

Strecke in km	Zeit in min
6	42
15	

e) Produktion

Maschinen	Anzahl Werkstücke
12	144
11	

f) Arbeitszeit

Tage	Zeit in h
5	40
220	

3 a) Es soll neu tapeziert werden.
2 Rollen Tapete kosten 13 €.
Es werden 5 Rollen benötigt.

Frage: Wie viel kosten 5 Rollen Tapete?

b) Im Hauswirtschaftsunterricht soll ein Essen gekocht werden. Im Rezept für 4 Personen stehen 360 g Erbsen.

Frage: Wie viel Gramm werden für 13 Personen benötigt?

Anzahl der Rollen	*Preis in €*
2	13

Antwort:

Antwort:

Lineare Zuordnungen erkennen und darstellen

Die Darstellung einer Zuordnung im Koordinatensystem nennt man **Graph**.
In einem Koordinatensystem verläuft die x-Achse von links nach rechts. Die y-Achse verläuft von unten nach oben.
Die Achsen schneiden sich im Koordinatenursprung (Nullpunkt).
Beide Achsen müssen beschriftet sein.

Wenn im Graphen einer Zuordnung alle Punkte auf einer **Geraden** liegen, heißt die Zuordnung **linear**.
Wenn diese Gerade durch den Ursprung oder Nullpunkt des Koordinatensystems geht, ist die lineare Zuordnung sogar **proportional**.

1 a) Was ist eine lineare Zuordnung? Ergänze den Satz.

Im Graphen einer linearen Zuordnung ______________________

____

b) Kreuze an, bei welchen Graphen es sich um eine lineare Zuordnung handelt.

☐ 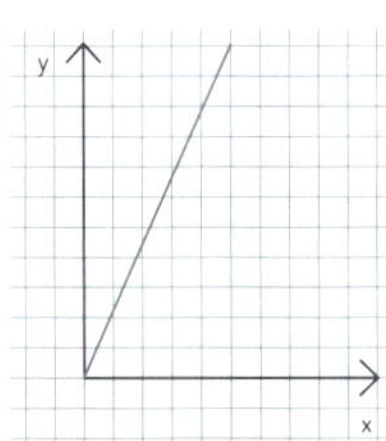

☐ 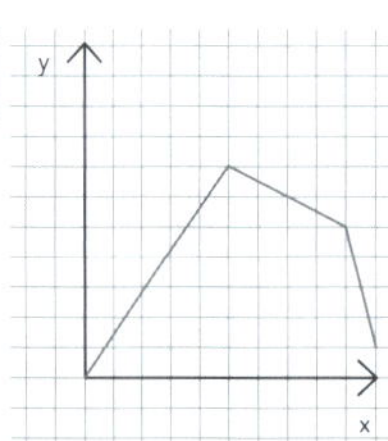

☐ 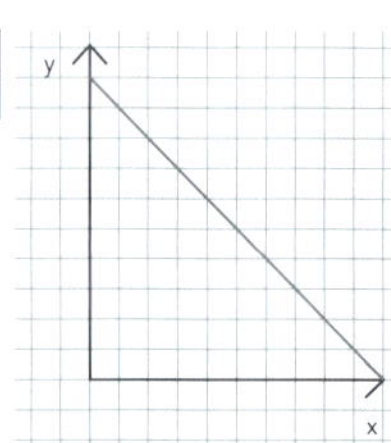

☐ 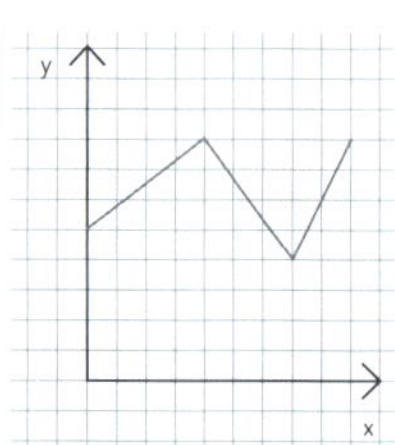

c) Begründe deine Entscheidung. ______________________

2 Lisas Mutter meldet sich im Fitnessstudio an. Sie bezahlt eine Aufnahmegebühr und jeden Monat einen Mitgliedsbeitrag.

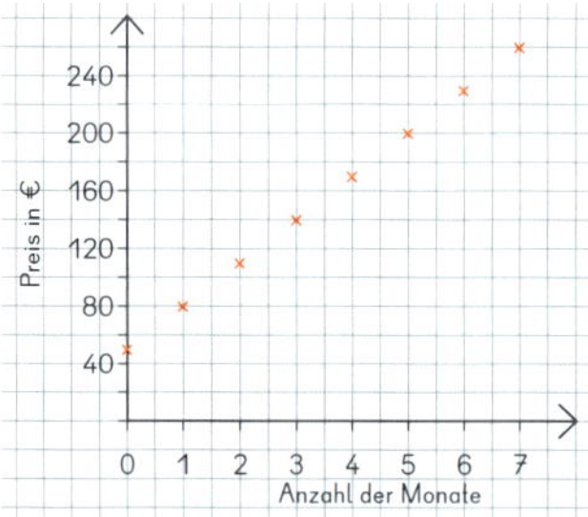

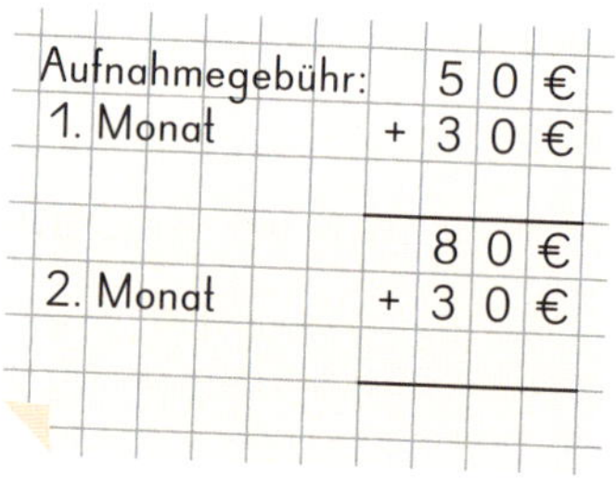

Anzahl der Monate	0	1	2	3	4	5	6	7	8	9	10
Gesamtpreis in €	50	80	110								

a) Ergänze die fehlenden Werte.

b) An welcher Stelle im Graphen kannst du die Aufnahmegebühr ablesen?

Die Aufnahmegebühr ______________________

Im Graphen ______________________

______________________ *Die Aufnahmegebühr beträgt* ______________________

3 Herr Xuan möchte in seinem Garten Büsche pflanzen.
Gleich vorne an der Terrasse soll der erste Busch stehen, die anderen pflanzt er im Abstand von 0,40 m.
Ergänze die Wertetabelle.
Zeichne den Graphen.

Nummer des Busches	Abstand in m
1	0
2	0,40

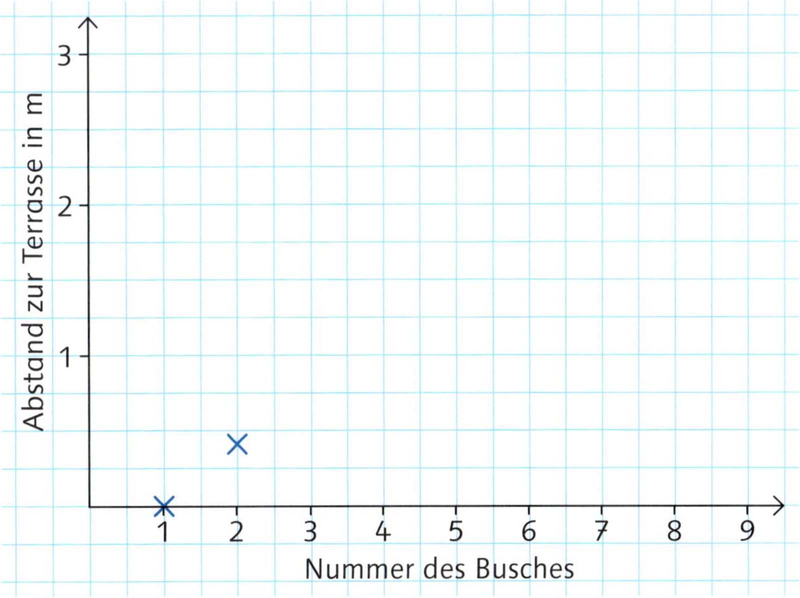

Warum ist diese Zuordnung linear? ______________________________

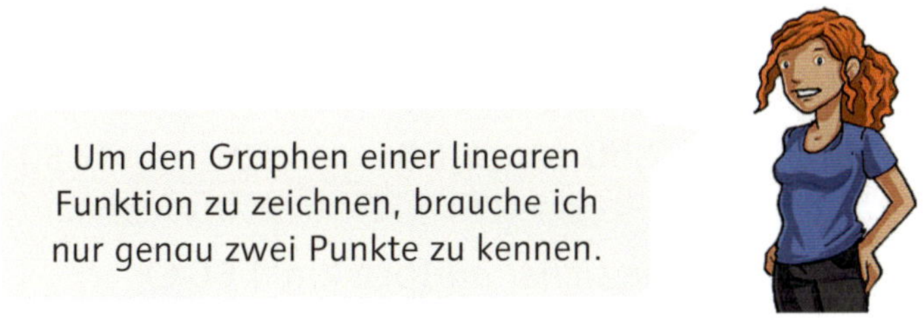

4 Zeichne den Graphen in das Koordinatensystem, ohne eine Wertetabelle aufzustellen.
Ein Verkaufsstand für den Flohmarkt kostet 7 € Grundgebühr und 3 € für jeden Meter Länge des Verkaufstischs.

Um den Graphen zu zeichnen, müssen diese beiden Punkte bekannt sein:

x: 0 ____ y: 7 ____

x: ____ y: ____

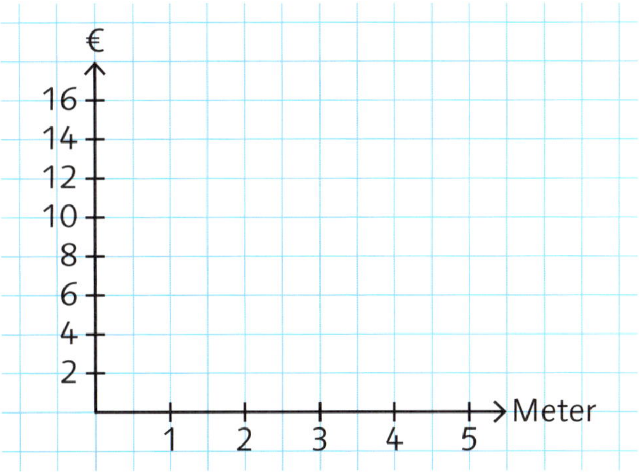

5 a) Zeichne den Graphen in das Koordinatensystem, ohne eine Wertetabelle aufzustellen.

Für einen Geburtstagskuchen benötigt man 4 Eier. Ohne Eier gibt es keinen Kuchen.

Um den Graphen zu zeichnen, brauchen wir diese beiden Punkte:

x: ______________ y: ______________

x: ______________ y: ______________

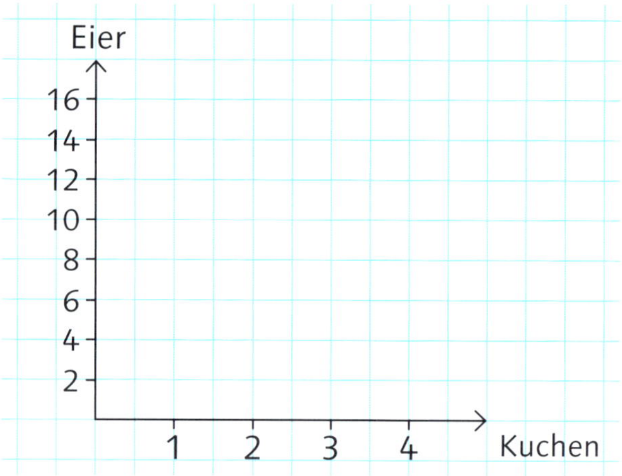

b) Was fällt dir auf? Was für eine Zuordnung liegt hier vor?

Die Gerade ______________

Deshalb ______________

____

____

6 Ling-Ling hat drei Angebote für eine Taxifahrt zum 20 km entfernten Bahnhof. Nutze den Taschenrechner.

a) Ergänze die Wertetabellen. Beachte, dass bei 0 die einmalige Grundgebühr steht.

Taxiunternehmen: *Fahr mich billig* (pro km 1,50 €)

Fahrstrecke in km	**x**	0	1	5	10	15	20
Preis in €	**y**	2,50	4,00	*10*	*17,50*		

Taxiunternehmen: *Bringt Sie sicher an* (pro km 1,60 €)

Fahrstrecke in km	**x**	0	1	5	10	15	20
Preis in €	**y**	2,00	3,60				

Taxiunternehmen: *Günstig reisen* (pro km 1,30 €)

Fahrstrecke in km	**x**	0	1	5	10	15	20
Preis in €	**y**	3,00	4,30				

b) Ling-Ling möchte möglichst günstig zum Bahnhof gefahren werden. Für welches Unternehmen sollte sie sich entscheiden? Begründe.

Antwort: *Sie sollte* ______________

____

____

Steigung

Lineare Funktionen lassen sich mit Hilfe einer **Funktionsgleichung** darstellen.

Beispiele:	$y = 2x$	oder	$y = 11x + 5$
Setzt man für $x = 7$ ein:	$y = 2 \cdot 7 = 14$	und	$y = 11 \cdot 7 + 5 = 82$

In der **Funktionsgleichung** $y = \mathbf{m} \cdot x$ gibt **m** die **Steigung** an.

Die Steigung **m** lässt sich mit Hilfe eines **Steigungsdreiecks** bestimmen.

Beispiel: $y = 2x$

Steigung: $\mathbf{m} = 2$

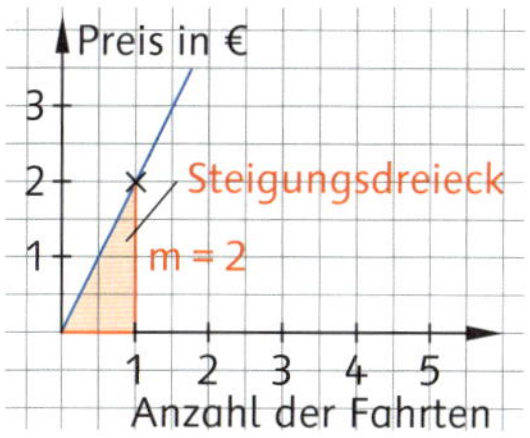

Wenn ich **1** Kästchen nach rechts gehe, gehe ich **m** Kästchen nach oben.

Wenn **m** negativ ist, geht es **m** Kästchen nach unten.

1 a) Welcher Graph passt zu welcher Funktionsgleichung?
Ordne zu und streiche aus.

A
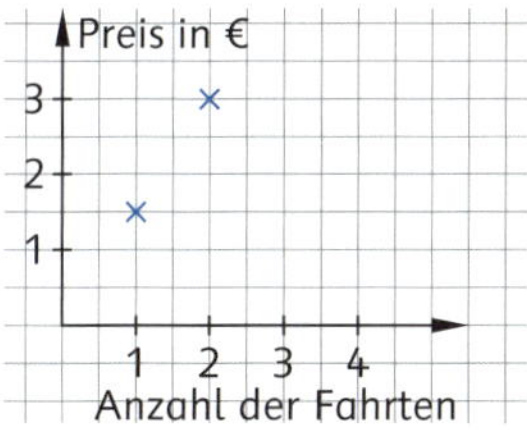

B
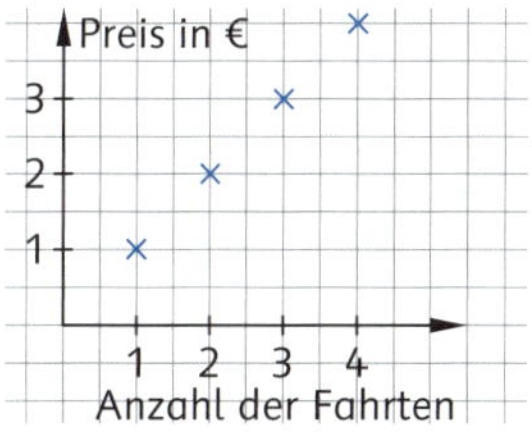

C
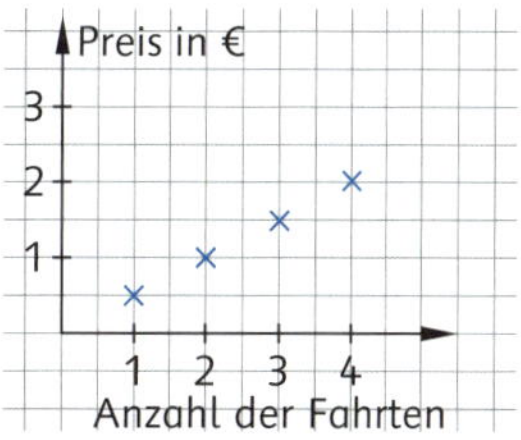

~~$y = 1{,}5x$~~ | $y = x$ | $y = 0{,}5x$

$y = 1{,}5x$ ________ ________

b) Ergänze den Merksatz:

Je größer der ________ vor dem x, desto ________

ist die Steigung einer ________.

größer | linearen Funktion | Faktor

2 Tims Vater meint: „Der Preis fürs Autoscooter-Fahren in € ist zweimal so hoch wie die Anzahl der Fahrten. Das kann ich auch als Gleichung schreiben."
Welche Gleichung passt? Kreise ein.

$y = 2x$ | $y = 4x$ | $y = \frac{1}{2}x$

y-Achsenabschnitt

Im Graphen der Funktion $y = \mathbf{m}x + \mathbf{b}$ gibt **b** den **Schnittpunkt** des **Graphen** mit der **y-Achse** an. b wird auch **y-Achsenabschnitt** genannt.

Beispiel: $y = 1{,}5x + 1$

$\mathbf{b} = 1$

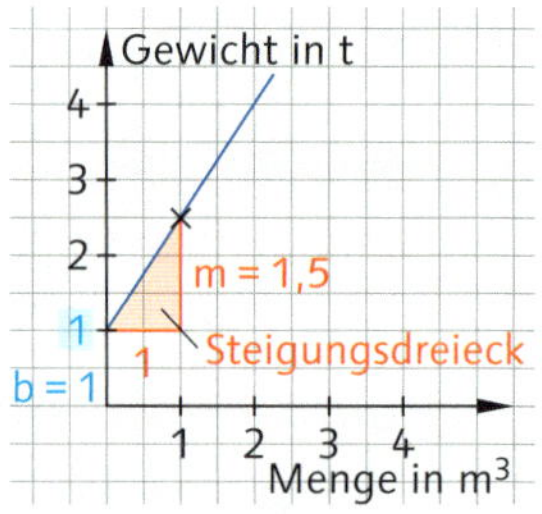

Die **Steigung m** kann mit Hilfe des **Steigungsdreiecks** bestimmt werden.

Steigung: $\mathbf{m} = 1{,}5$

1 Welcher Graph passt zu welcher Funktionsgleichung? Ordne zu.

A
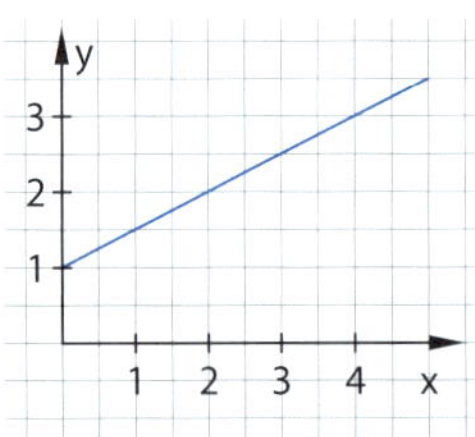

B
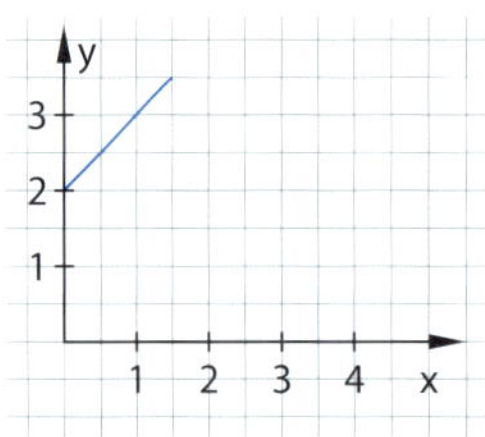

C
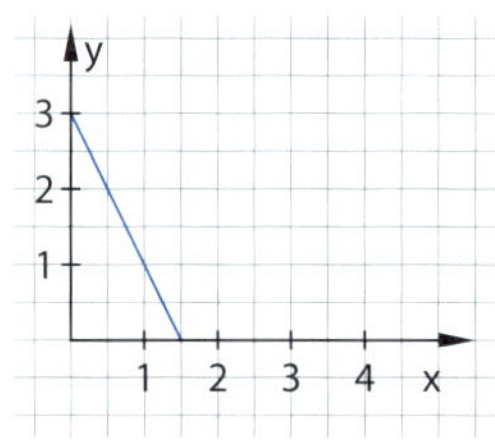

~~$y = 0{,}5x + 1$~~ | $y = -2x + 3$ | $y = x + 2$

$y = 0{,}5x + 1$

2 Zeichne den Graphen zur Funktionsgleichung und ein Steigungsdreieck. Beschrifte m und b am Steigungsdreieck.

a) Zeichne: $y = 2x + 1$

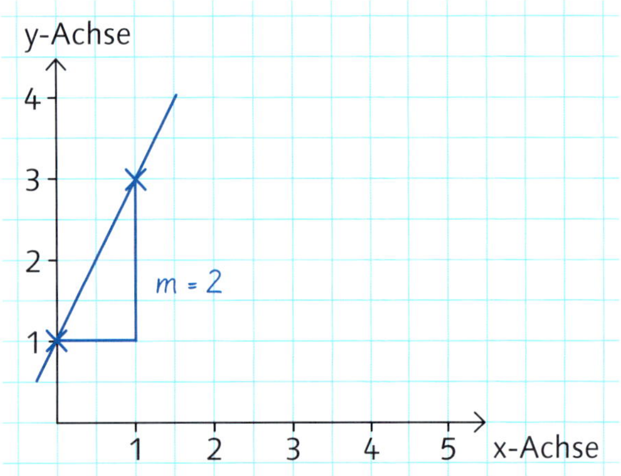

b) Zeichne: $y = -2x + 2{,}5$

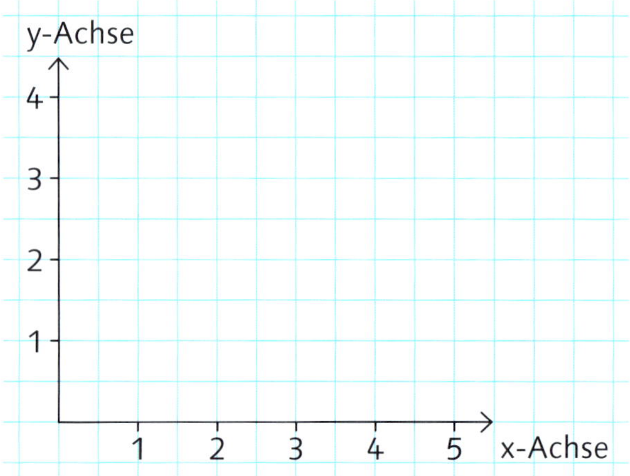